研究者がズバリ
科学で
答える！

ココが知りたい
地球温暖化

国立研究開発法人
国立環境研究所 地球システム領域 編

はじめに

　私たちの住む地球には、空気があり海があり、そして陸があります。降り注ぐ太陽のエネルギーは地面や海面を暖め、水を蒸発させ、対流をはじめとするさまざまな空気の循環をつくりだします。蒸発した水は上空に運ばれて雲になり、雨や雪を降らせます。地球を巡る大きな風の流れが変わると、時に猛暑や干ばつ、大雨や大雪がもたらされます。

　このような地球の上で私たち人間は長い時間をかけてさまざまな社会をつくり、文化を育ててきました。いま人間活動の影響をうけて気候が変化しつつあります。世界の気温は上昇し、大雨や洪水が増え、熱波や干ばつの被害によって食料生産へも深刻な影響があると危惧されています。日本政府も、地球温暖化の進行を止めるため、2050年までに温室効果ガスの人為排出量を実質ゼロにする「カーボンニュートラル」を目指すと宣言しました。

　こうした中で気候変動や地球温暖化のことを見聞きする機会は増えていると思います。しかし、よく知っているようで、実はどこまでが科学的に説明されていて、どこからが憶測なのかわからないということも多いのではないでしょうか。

　私たち国立環境研究所地球システム領域の研究者は、気候変動、特に地球温暖化に関するさまざまな研究に取り組んでいます。海や森に行って観測したり、飛行機や人工衛星で広い地域のデータをとったり、将来の気候を予測するために数値計算モデルを開発したりしています。

　「研究者がズバリ科学で答える！ココが知りたい地球温暖化」は、国立環境研究所の第一線の研究者が「地球温暖化にまつわる、よくある質問、素朴な疑問にズバリ答えます」という趣旨でつくられました。毎月発行している「地球環境研究センターニュース」に2006年に連載を開始したことか

ら始まり、2009年に「ココが知りたい地球温暖化」、2010年に「ココが知りたい地球温暖化2」を書籍として出版しました。ちょうど、IPCC（気候変動に関する政府間パネル）の第4次評価報告書が公開されたころでした。

その後もウェブサイトに「ココが知りたい地球温暖化」シリーズを掲載して情報の更新を続けてきましたが、IPCC第6次評価報告書が2023年までに公表されたことをきっかけに、「ココが知りたい地球温暖化（温暖化の科学）」を最新の内容にするべく、質問も増やして回答を大幅改訂しました。

改訂版でも、「地球温暖化にまつわる、よくある質問、素朴な疑問にズバリ答えます」という趣旨はそのままに、それぞれの疑問には、研究者たちが推敲を重ね、科学的に正確でわかりやすく回答しています。一話は独立した解説になっていますので、どの記事から読んでいただいても差し支えありません。これまでなんとなく聞いていたような話も、「そうだったのか」と改めて納得していただけることと思います。

国立研究開発法人国立環境研究所 地球システム領域長
三枝　信子

本書の内容の一部あるいは全部を無断で電子化を含む複写複製（コピー）及び他書への転載は、法律で認められた場合を除いて著作権者及び出版社の権利の侵害となります。成山堂書店は著作権者から上記に係る権利の管理について委託を受けていますので、その場合はあらかじめ成山堂書店（03-3357-5861）に許諾を求めてください。なお、代行業者等の第三者による電子データ化及び電子書籍化は、いかなる場合も認められません。

CONTENTS

はじめに …………………………………………………………………………………………… *iii*

本書をお読みいただく前に …………………………………………………………………… *v*

Q01 呼吸で大気中の二酸化炭素が増加する？ ………………………… *002*
　　コトバの 豆知識 温室効果ガス …………………………………………………… *008*

Q02 海から二酸化炭素が放出された？ …………………………………… *009*
　　コトバの 豆知識 ブルーカーボン ………………………………………………… *015*

Q03 海と大気による二酸化炭素の交換 …………………………………… *016*

Q04 氷床コアからわかること：二酸化炭素が先か、気温が先か ………… *021*
　　コトバの 豆知識 振る舞い …………………………………………………………… *025*

Q05 森林の減少と二酸化炭素吸収量 ……………………………………… *026*

Q06 森林の二酸化炭素吸収量の測定方法 ………………………………… *033*
　　コトバの 豆知識 渦相関法 …………………………………………………………… *040*

Q07 地球全体の平均気温の求め方 ………………………………………… *042*

Q08 二酸化炭素の増加が温暖化をまねく証拠 …………………………… *047*

Q09 水蒸気の温室効果 ……………………………………………………… *053*

Q10 二酸化炭素以外の温室効果ガス削減の効果 ………………………… *059*
　　コトバの 豆知識 カーボンニュートラル ………………………………………… *065*

Q11 エアロゾルの温暖化抑止効果 ………………………………………… *066*
　　コトバの 豆知識 短寿命気候強制因子（SLCF） ……………………………… *071*

Q12 太陽黒点数の変化が温暖化の原因？ ………………………………… *072*

Q13 オゾン層破壊が温暖化の原因？ ……………………………………… *077*

Q14 寒冷期と温暖期の繰り返し …………………………………………… *084*

Q15 温暖化は暴走する？ …………………………………………………… *090*
　　コトバの 豆知識 ティッピング・ポイント／エレメント …………………… *095*

Q16 コンピュータを使った 100 年後の地球温暖化予測 ………………… *096*

Q17 気候のシミュレーションモデルはどんな結果でも出せる？ ……………… *099*

　　コトバの 豆知識 コンピュータモデル ……………………………………… *105*

Q18 気候変化予測に幅があるのは？ …………………………………………… *106*

　　コトバの 豆知識 シナリオ ……………………………………………………… *110*

Q19 暑い日が増えたのはヒートアイランドが原因？ …………………………… *111*

Q20 IPCC 報告書とは？ ………………………………………………………… *117*

Q21 人工衛星で空気中の二酸化炭素やメタンの濃度が測れるって本当？ … *123*

Q22 温室効果ガスの衛星観測データの利用例 ………………………………… *128*

　　コトバの 豆知識 グローバルストックテイク（Global Stocktake） ………………… *134*

　　コトバの 豆知識 プロダクト ……………………………………………………… *134*

索　引 ………………………………………………………………………………… *135*

おわりに ……………………………………………………………………………… *137*

編者・回答者紹介 ………………………………………………………………… *138*

本書をお読みいただく前に

　本書では、地球を循環する二酸化炭素（CO_2）の質量を表す際に、2 通りの記述をしています。CO_2 に含まれる炭素（C）の重さで表す方法（炭素換算）と、CO_2 の重さで表す方法（CO_2 換算）です。2 通りの質量の表し方の関係は、以下の通りです。

［炭素換算］		［CO_2 換算］		
1 kg C	=	3.664 kg CO_2		
1 ギガトン C（GtC）	=	3.664 Gt CO_2	=	36.64 億トン CO_2

　1 ギガトン（Gt）は 10 億トンのことで、地球の CO_2 質量を記述する際によく用いられる単位です。

　1 ギガトン（Gt）は 10^{15}g であることから、1 ペタグラム（Pg）とよばれることもあります。

研究者がズバリ
科学で答える！

ココが知りたい
地球温暖化

Q01 呼吸で大気中の二酸化炭素が増加する？

 温暖化が心配です。息を止めなくても大丈夫ですか？

A

遠嶋 康徳

たしかに、私たちは呼吸によって二酸化炭素（CO_2）を吐き出しています。しかし、そのCO_2は食物として体内に取り込んだ有機物を分解しエネルギーを取り出す過程で最終的に排出されるものであり、その食物の起源をたどっていくと植物が光合成によって大気中のCO_2と水から作りだした有機物にたどりつきます。つまり、私たちが呼吸によって吐き出すCO_2はもともと大気中に存在したものなのです。ですから、いくら呼吸をしても大気中のCO_2を増やしも減らしもしません。このように、自然の炭素循環の中での出来事は、大気中のCO_2濃度にほとんど影響しません。私たちが呼吸以外で排出するCO_2が問題なのです。

🔍 もっと詳しく！

▶▶ 増加する大気中の二酸化炭素（CO_2）濃度

　最初に、現時点でわかっている大気中CO_2の収支関係をおさらいしておきましょう。産業革命以降、われわれ人類は石炭や石油、天然ガスといった化石燃料の消費を加速度的に増加させ大量のCO_2を排出してきた結果、大気中のCO_2濃度を上昇させてきました。しかし、大気中のCO_2濃度の精密観測が実施されるようになると、その増加率が化石燃料の消費量から予想される増加率よりも小さいことが明らかとなりました。このことから、海洋や陸上生物圏がCO_2を吸収しているのではないかと考えられるようになりました。

　海洋はCO_2を溶かし込むことで吸収源になることが可能です。また、陸上生物圏は、森林減少等でCO_2を放出する一方、森林の成長によってバイ

オマスや土壌有機物を増加させることでCO_2の吸収源となることができます。地球表層の過去150年間におけるCO_2の収支の推定については、**Q02**「海から二酸化炭素が放出された？」に詳しく述べられているので、そちらを参照してください。ここでは、現在の化石燃料起源のCO_2の排出量と大気への蓄積量、さらに海洋・陸上植物圏の吸収量のそれぞれについて見ておきましょう。

図1-1に2011年から2020年の10年間の平均的なCO_2の流れを示しました。化石燃料起源のCO_2が毎年約360億トン排出され、大気中には毎年190億トン蓄積しています。この両者の差分である170億トンは海洋と陸

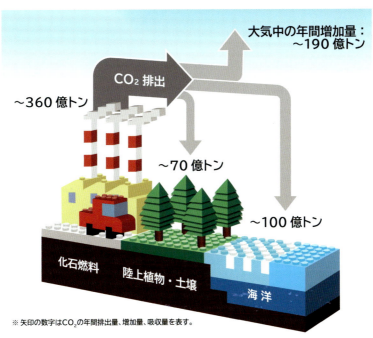

※ 矢印の数字はCO_2の年間排出量、増加量、吸収量を表す。

図1-1 地球表層でのCO_2の正味の収支

2011年から2020年の10年間の平均的な地球表層におけるCO_2の正味の収支。数値はFriedlingstein, P., et al. (2022). Global Carbon Budget 2022. Earth System Science Data, 14 (11), 4811–4900 を基に作成（CO_2換算）。

上植物が吸収していることになります。なお、海洋と陸上植物それぞれの吸収量の推定値（図の100億トンおよび70億トン）には20億トン以上の不確かさがあり、それらの推定精度を高めるための研究が現在も続けられています。

▶▶ 人間は呼吸でどのくらいの CO_2 を排出しているのか？

それでは、全人類が呼吸によっていったいどのくらいの CO_2 を排出しているのでしょうか？　呼気に含まれる CO_2 の量は条件によってさまざまに変わるため正確な値を求めることは困難ですが、地球規模の CO_2 収支とおよその比較を行うためと割り切って概算を行ってみましょう。

人の呼気中の CO_2 濃度は運動量とともに増加し、安静時の約1％から重作業時の9％まで変化します。ここでは、軽作業時の呼気中の CO_2 濃度である約3％を一日の平均値として採用することにします。また、男女の平均呼吸率（平均的な生活行動をした場合に一日に呼吸する空気の量）は約 $19\,m^3/day$ と推定されています。$1\,m^3$ あたりの CO_2 の重さは約 $1.8\,kg$ で、CO_2 濃度の平均値は3％ですから、人が一日に吐き出す CO_2 量は約 $1\,kg$ となります。世界人口は2022年に80億人に到達したと推定されていますから、人が一日に吐き出す CO_2 を $1\,kg$ として1年間に全人類が吐き出す CO_2 の量を計算すると約29億トンとなります。

この量は化石燃料の消費によって全世界から排出される CO_2 量の約8％に相当します。ですから、原理的には呼吸を止めるか、または、（呼吸を止めては生きていけないので）何らかの方法で呼気に含まれる CO_2 をすべて回収できるとすれば、大気中の CO_2 増加率をある程度減らすことができる計算になります。

▶▶ 人類の呼吸は大気中 CO_2 濃度を増加させているといえるのか？

全人類が吐き出す CO_2 がかなりの量になることがわかりましたが、それをもって人間の呼吸が大気中の CO_2 濃度の増加に寄与していると考えてよ

いのでしょうか？

　そもそも呼吸とは、食物から体内に取り込まれた栄養素を酸素によって分解することでエネルギーを取り出し、最終生成物であるCO_2を排出するプロセスです。ですから、呼吸によって排出されるCO_2は食物に含まれる炭水化物やタンパク質、脂質といった有機物に含まれる炭素に由来するものなのです。これらの食物が穀物や野菜などの植物であれば、そこに含まれる炭素の起源が大気中のCO_2であることは明らかです。また、その食物が魚や動物の肉であったとしても、それらが成長するための食物をたどっていけば必ず植物に行き当たります。つまり、地球上に存在するいかなる動物も、植物が太陽エネルギーを利用して光合成によって生産した有機物を利用しており、人間も例外ではないのです（このような関係を食物連鎖とよびます）。したがって、人が吐き出すCO_2は、元をたどれば大気中に存在していたCO_2ですから、結局大気中のCO_2を増やしも減らしもしていないことになります。

　ところで、われわれは食物に含まれる有機物のすべてを消化して体内に吸収するわけではなく、かなりの部分を体外に排出しています。これらの排出物も最終的には微生物的分解を経て大気中にCO_2として帰っていきます。そして、大気中に戻されたCO_2は再び植物によって利用されます。このような物質の循環を生物的循環とよび、人間もその循環を構成する一員とみなすことができます（図 1-2）。CO_2（炭素）が生物的循環のループを定常的にめぐっている限り、大気中のCO_2の増減はほとんどありません。

　一方、化石燃料の消費によるCO_2は、このような生物的循環の外にあるため[注1]、その消費が大気中の濃度を変化させる可能性が高いといえるのです。また、森林減少は植物の光合成による生産量を減らし、バイオマスや土壌有機物の分解を促進するため、大気中のCO_2濃度を増加させる可能性があります。幸い、現時点で陸上生物圏はCO_2の吸収源として働いているようですが、将来温暖化が進むと寒冷な地域での土壌有機物の分解速度が速まり、陸上生物圏がCO_2の発生源となる可能性もあります。

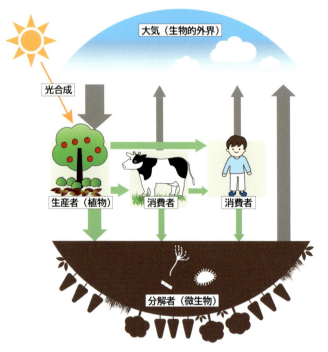

図 1-2　生物的な炭素循環
炭素の生物循環の模式図。灰色の矢印は CO_2、緑色の矢印は有機物の流れを示す。生物的炭素循環における CO_2 の出入りであれば（人間の呼吸もその一つである）大気中の CO_2 濃度を極端に変化させることはない。

▶▶ **本当に食料の生産・消費は**
　大気中の CO_2 の増加に寄与しないといえるのか？

　それでは、食料に含まれる炭素はもともと大気中に存在したものだから、食料の生産・消費は大気中の CO_2 の濃度にまったく寄与しないといえるのでしょうか？　今われわれが口にする食料には、かなりの量の輸入食材が含まれているため、その輸送の過程で化石燃料起源の CO_2 が排出されているはずです。また、冬場のビニールハウス栽培で温度を維持するための熱源やトラクター等の農業機械の利用などにも化石燃料が使用されてい

ますし、化学肥料の生産過程でも相当量の CO_2 が排出されています。

このように、現代の農業自体が化石燃料なしには成立しない状況なのです。つまり、食料自体に含まれる炭素の起源は大気中の CO_2 なのですが、その生産・流通過程で大量の化石燃料が使用されているのが現状です。ですから、食料を無駄にしないことは当然として、できるだけ余計なエネルギーを利用せずに自然の生物的循環の中で生産された食料を消費するように努力することが化石燃料起源の CO_2 の排出を減らすことにつながるのです。

(注1) 化石燃料は主に太古の生物の死骸が堆積物中で変性することで生成した、つまり生物起源であると考えられています（これを有機成因説とよび現在もっとも有力な仮説ですが、マントルを起源とする無機成因説も存在します）。しかし、現生の生物は化石燃料を直接利用することはありませんし、化石燃料の生成には上記の生物的循環に要する時間よりも圧倒的に長い時間（地質学的な時間）が必要とされます。通常、化石燃料や堆積岩中の炭素等も含めた炭素循環を「生物地球化学的循環」とよび、「生物的循環」と区別します。

(注2) さまざまな文献において、CO_2 の量を炭素で換算して記す場合と CO_2 の量で記す場合があります。炭素換算量を 3.66（= 44.01/12.01）倍すると CO_2 の量になります。

回答者：**遠嶋 康徳**（とおじま・やすのり）

国立環境研究所地球システム領域特命研究員。東京大学大学院理学系研究科博士課程中途退学。博士（理学）。国立環境研究所地球システム領域動態化学研究室長などを経て現職。専門は大気化学、地球規模炭素循環、温室効果ガス。

地球温暖化 コトバの 豆知識

● 温室効果ガス

　太陽から地表に届いた熱を受けて地表から放射される赤外線を吸収し、吸収した熱を再び地表に向かって放射することで温室効果を引き起こすガスをいいます。温室効果ガスにはさまざまなものがありますが、国連気候変動枠組条約・パリ協定では、7種類のガス（CO_2、CH_4、N_2O、HFCs、PFCs、SF_6、NF_3）の人為排出を報告・削減対象としています。

　二酸化炭素（CO_2）の人為排出はおもに化石燃料の燃焼によるものです。メタン（CH_4）は湿地や稲作、家畜の消化管内発酵・排せつ物管理、廃棄物の埋立、化石燃料採掘・燃焼など排出源は多岐にわたります。一酸化二窒素（N_2O、亜酸化窒素ともいう）の人為排出はおもに農業での肥料使用や化石燃料の燃焼によります。HFCs（ハイドロフルオロカーボン）やPFCs（パーフルオロカーボン）、SF_6（六フッ化硫黄）、NF_3（三フッ化窒素）も温室効果ガスとして注目されています。

Q02 海から二酸化炭素が放出された？

人間が出した二酸化炭素（CO_2）が大気中にたまって地球の気温が上がるのが温暖化問題と理解していましたが、気温が上昇した結果、海からCO_2が放出され、大気中の濃度が上昇しているという説明も耳にします。どちらが本当なのですか。

A 中岡 慎一郎　 向井 人史

これまでに行われた海洋表層での二酸化炭素（CO_2）の観測と、そのデータに基づく海洋と大気のCO_2交換量の評価によると、全体で見れば海洋はCO_2を吸収していて、近年では炭素換算で年間24億トン程度のCO_2を吸収していることがわかっています。このため、大気中のCO_2濃度の上昇は、海からCO_2が放出されたことが原因とはいえないことは明らかです。海洋のCO_2吸収量の増加は、人間活動によるCO_2排出量の増大によって生じていると考えられますが、今後も同じように吸収し続けるか注視する必要があります。（以下、本文ではCO_2の量を炭素で換算して記しています）

🔍 もっと詳しく！

▶▶ 海洋表層CO_2観測への取り組み

　地球の表面積の約7割を占める海洋では、表層から深層まで世界の海水が数千年かけて循環する海洋大循環や、植物プランクトンから大型生物に至る海洋生態系の食物連鎖による物質循環が、大気中のCO_2濃度を決めるうえで重要な役割を果たしています。海水中のCO_2はおもに分子やイオン（重炭酸イオン、炭酸イオン）として溶けていますが、大気とやりとりするのはこのうち分子のCO_2になります。つまり大気のCO_2濃度（分圧）が海洋のCO_2分圧より高ければ大気のCO_2は吸収され、低ければ海洋から大気に

CO_2 が放出されます[注1]。産業革命以降、大気中の CO_2 濃度は 280 ppm から 418 ppm（2022 年）程度まで上昇しています。この大気 CO_2 濃度の上昇に応じて、海水中の CO_2 分圧も上昇しています。さらに、海水温が上昇すると分子とイオンの平衡関係（存在比）が変化して、海水中の CO_2 分圧が上昇します。このため、海洋による CO_2 の吸収量（大気と海洋の間の CO_2 交換）を正確に求めるためには、大気と海洋表層での CO_2 分圧を正確に測定する必要があります。また、観測データが得られない場所での CO_2 分圧を推定する手法が不可欠です。

この難題に 1990 年代後半に世界で初めて答えたのが米国コロンビア大学の Taro Takahashi 博士でした。Takahashi 博士はそれまでに観測された世界各地の海洋表層 CO_2 分圧の観測データ 25 万点を独自に収集して、観測を行っていない時期・場所の CO_2 分圧を推定し、1990 年を基準年としてひと月ごとの分布を推定しました。その結果、一部の海域では CO_2 が放出されるものの、海洋全体では年間 10 億トン程度の CO_2 を吸収していることを見出しました[参考文献[1]]。

Takahashi 博士はその後も観測データ点数を増やしながら海洋による CO_2 吸収量の評価を行いましたが、「大気と海洋の間の CO_2 交換量が年によってどのぐらい変動するのか？」という点は長らく未解明でした。「もし交換量の変動幅が大きい場合には、年によっては海洋から CO_2 が放出されることもある」ということになります。しかし、Takahashi 博士の解析手法では CO_2 分圧の年々変動について評価することが不可能でした。また、独自に観測データを収集する Takahashi 博士の手法にも限界がありました。このため、統一されたルールに基づく国際的なデータ収集・公開の枠組みが求められました。

そこで 2007 年に、海洋表層 CO_2 分圧のデータ収集のやり方と品質確認方法が検討され、「各海域の責任者が品質確認をしたうえで公開する」仕組みが構築されました。その結果、Surface Ocean CO_2 Atlas（SOCAT）とよばれるデータベースが完成しました[参考文献[2]]。2011 年に公開された初版

には630万点のデータが収録され、その後も版を重ねるごとに収録データ数が増え、本稿執筆時点で最新版となる2023年版では3560万点ものデータが収録されるようになりました。2023年版に収録された観測データ数の分布を図2-1に示します。この図から、ほぼすべての海域で観測が行われていて、特に北太平洋や北大西洋では観測が盛んに行われていることがわかります。南太平洋東部海域など一部には観測データのない海域（観測空白域）が広がっている地域もありますが、多くの海域で観測が継続的に実施されることでデータが充実しています。

観測データの充実とともに、CO_2分圧分布を推定する手法の開発についても大きな進展がありました。たとえば気象庁は、観測されたCO_2データと、海洋モデルや人工衛星の観測データから得られる海面水温・海面塩分・クロロフィルa濃度[注2]などのパラメータを利用して海洋表層のCO_2分圧を推定し、大気海洋間CO_2交換量などと合わせて公開しています。また、近年脚光を浴びている機械学習やニューラルネットワークとよばれる手法を用いて、観測された海洋表層のCO_2分圧と上記のパラメータを関連

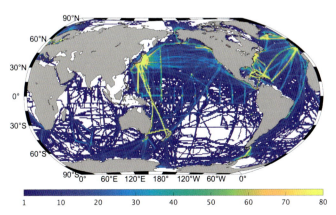

図 2-1　海洋表層 CO_2 データ分布
色は緯度経度1度の格子においてデータが存在する月数を表す。

付けて大気海洋間 CO_2 交換量を推定する研究も盛んに行われています。国立環境研究所（National Institute for Environmental Studies：NIES）でもこれらの手法を利用して、CO_2 分圧分布と大気海洋間 CO_2 交換量分布の推定結果を公開しています。

　結果の一例として、NIES が公開している 2000 年 2 月と 2020 年 2 月の CO_2 交換量分布を **図 2-2** に示します。一見するとこれらの分布はよく似ているように見えますが、全体としては 2000 年に比べて 2020 年の方が年間で約 6 億トン多く CO_2 を吸収していることがわかりました。分布の様子を見てみると、北太平洋高緯度域や太平洋赤道域東部海域では、CO_2 の放出が盛んに行われています。これは、これらの海域の深層にある CO_2 や栄養塩を豊富に含んだ水塊（いわゆる深層水）が、冬季の間に深層から表層へ輸送されるためです。一方、北太平洋中緯度域や北大西洋の中高緯度域、南大洋（南極海）の一部の海域では CO_2 の吸収域が広がっています。これは、熱帯域・亜熱帯域の水塊が中高緯度へ輸送されていく間に冷やされて CO_2 分圧が低くなり、大気から CO_2 を吸収するためです。また、年による違いを詳しく見てみると、ベーリング海を含む北太平洋高緯度域での CO_2 放出が 2000 年に比べて 2020 年の方が弱くなっている様子や、北太平洋中緯度域や北大西洋中緯度域から高緯度域での CO_2 吸収が強化されたり吸収域の面積が拡大したりする様子が見られます。

　推定結果から、大気海洋間 CO_2 交換量の年々変動の振幅は、最大でも年間 5 億トン程度であることや CO_2 吸収が増加していることがわかりました。過去数十年の海洋による平均的な CO_2 吸収量（平年値）は年間 18 億トン程度であるため、「過去数十年の間に正味として海洋が CO_2 を排出した年はない」と断言することができます。

　ところで、人間活動による CO_2 排出がほとんどなかった産業革命以前には、海洋は CO_2 を正味として 6 億トン程度放出していたと考えられています。これは陸域植物由来の有機炭素が河川から海洋へと流入し、そのほとんどが海洋表層で分解されて CO_2 として大気に放出されるためです。この

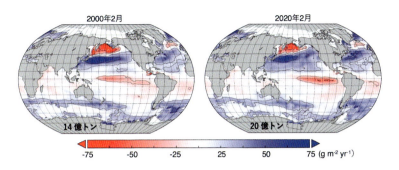

図2-2　2000年2月（左）と2020年2月（右）の大気海洋間CO₂交換量分布
正の値（青色）は大気から海洋へのCO₂吸収を、負の値（赤色）は海洋から大気へのCO₂放出を表す。また各図左下の数値は海洋全体の年間CO₂吸収量を表す。

放出されたCO_2はもともと大気のCO_2を吸収した植物に由来するため大気中CO_2濃度の増加には寄与せず、CO_2濃度は安定していたことがわかっています。その一方で現在の海洋は、人間活動によって大気中に排出されたCO_2を半ば強引に吸わされている状態といえます。産業革命以前は年間6億トン放出していた海洋が現在は18億トン程度を吸収していることから、その差（24億トン程度）は、人間活動によって増加したCO_2吸収量、と考えることができます。

▶▶ より正確な吸収量評価のために

　ここでは海洋の直接観測による評価という観点から、海洋のCO_2吸収について説明しました。このほかに、大気中CO_2濃度やその炭素安定同位体比、酸素濃度の観測や、観測された大気中のCO_2濃度を再現するようにCO_2吸収・放出量を調整する逆解析手法などによっても、海洋のCO_2吸収が調べられています。しかし、人間活動によるCO_2排出量や、大気に残留するCO_2量の評価と比べると、海洋や陸域のCO_2吸収量評価には不確実性が大きく、同じ観測データを用いても推定手法が異なると結果に違いが見

られるなどの課題が残されています。また、温暖化によって今後も海水温の上昇が続くと、分子とイオンの平衡関係（存在比）が変化して分子として存在する CO_2 が増え続け、海洋表層の CO_2 分圧が大気の CO_2 分圧に近づくため、海洋の CO_2 吸収量が低下することが危惧されます。より正確な CO_2 吸収量評価のためには、推定手法やモデルの精緻化・高度化だけでなく、観測データの充実が今後も不可欠であるといえます。

(注1) 「Q03 海と大気による二酸化炭素の交換」をご参照ください。

(注2) 海洋表層に浮遊する植物プランクトン量の指標。

参考文献

[1] Takahashi, T., et al. (1997). Global air-sea flux of CO_2: An estimate based on measurements of sea–air pCO_2 difference. PNAS, 94 (16), 8292-8299. https://doi.org/10.1073/pnas.94.16.8292

[2] Pfeil, B., et al. (2013). A uniform, quality controlled Surface Ocean CO_2 Atlas (SOCAT) . Earth System Science Data, 5 (1), 125–143. https://doi.org/10.5194/essd-5-125-2013

回答者：**中岡 慎一郎**（なかおか・しんいちろう）

国立環境研究所地球システム領域地球環境研究センター大気・海洋モニタリング推進室主任研究員。東北大学大学院理学研究科博士課程修了。博士（理学）。国立極地研究所生物圏研究グループ特任研究員、国立環境研究所地球環境研究センターNIESポスドクフェローなどを経て現職。専門は炭素循環・海洋。

回答者：**向井 人史**（むかい・ひとし）

国立環境研究所地球システム領域物質循環観測研究室客員研究員。東京大学大学院工学系科修士課程修了。博士（工学）。国立環境研究所気候変動適応センター長などを経て現職。専門は環境化学。

地球温暖化 コトバの 豆知識　Q02

海から二酸化炭素が放出された？

● ブルーカーボン

　地球上で排出された二酸化炭素（CO_2）のうち、森林などの陸域生態系に吸収・貯留される CO_2 を「グリーンカーボン」と呼びます。それに対して、海藻などの海洋生態系が吸収し、海中、海底のバイオマスやその下の土壌に吸収・貯留される炭素を「ブルーカーボン」と呼んでいます。2009年に公表された国連環境計画（UNEP）の報告書「Blue Carbon」[参考文献[1]]において定義されました。

　ブルーカーボンの主要な吸収源としては、藻場（海草・海藻）、干潟（湿地）、マングローブ林があげられ、これらは総称して「ブルーカーボン生態系」と呼ばれています。

　海面では、大気との間で空気中の CO_2 が吸収・放出され、海に溶け込んだ CO_2 は海洋植物の光合成によって吸収されます。それらの死骸が海底に沈殿することで、炭素が固定化されます。また、炭素は、海洋内の食物連鎖によって魚などに捕食され、それらの死骸が海底に沈むことでも同じく固定化されます。

　陸上の植物によって固定化された炭素は、数十年単位で微生物によって再び分解されて CO_2 として大気中に放出されます。一方、海底に蓄積された炭素は、無酸素状態のため微生物による分解が抑制されることで、その分解が数千年単位と非常にゆっくりとしたものとなります。

　このような特徴から、ブルーカーボンは、地球温暖化の原因とされる CO_2 の新たな吸収源として注目されているのです。

　一方で、UNEPの報告書によれば、ブルーカーボン生態系は年間平均で2〜7%も減少を続けているといわれています。そのため、さらなる保全・育成が世界規模で求められています。

参考文献

[1] United Nations Environment Programme (2009). Blue carbon: the role of healthy oceans in binding carbon. https://wedocs.unep.org/20.500.11822/7772

Q03 海と大気による二酸化炭素の交換

大気中の二酸化炭素（CO_2）は、海洋との間で大量に交換されていて、それに比べると化石燃料の燃焼で発生するCO_2の量は格段に小さいと聞きました。そのわずかな量が大きな気候変動をもたらすのですか。

A

中岡 慎一郎 　　向井 人史

2023年現在、化石燃料の燃焼等によって大気中に炭素換算[注1]で年間100億トン程度のCO_2が放出されていますが、大気と海洋の間ではその約8倍となる800億トンものCO_2がやりとり（交換）されていると考えられています。このCO_2の交換は、おもに拡散とよばれる双方向のCO_2の移動により行われます。この交換量は化石燃料消費などで放出しているCO_2量よりもはるかに大きいのですが、私たちが考えなければならないのは、この交換量よりも、最終的な大気から海洋への「正味」の移動量です。その量は年間約20億トン前後と見積もられています。陸上生物圏が吸収するCO_2量と合わせると、人間活動で排出されたCO_2の約半分が自然界に吸収され、残りの半分は大気に毎年蓄積していくことになり、その結果、産業革命前には280 ppm程度だった大気中のCO_2濃度は2023年現在420 ppmを超えています。この濃度増加が気候に影響を与え始めていると考えられます。

🔍 もっと詳しく！

▶▶ 海洋と大気の間を行き来する二酸化炭素（CO_2）とは

まず、海洋と大気との間のCO_2交換について説明しましょう。CO_2は海洋と大気の境界である海面を通して常にやりとりされていて、海水表層にあるCO_2は大気へ、大気中にあるCO_2は海水側に移動しようとします。こ

れは、空間や物質の中に広がろうとする"(分子)拡散"とよばれる現象です。

例えると図3-1のように海洋チームと大気チームがCO_2というボールをお互いの陣地に投げあっている"ボール投げ大会"をイメージするのがよいと思います。それぞれのチームはもともと自分の陣地に落ちているボールと、相手側から投げ込まれたボールを拾って投げることになります。互いの陣地から相手の陣地へ投げたボールの数がいわばCO_2の交換量にあたります。そしてその互いが投げたボール総数の差が正味の移動量(ここでは海洋の吸収量)となります。もし、お互いが投げたボールが同数ならば、それぞれの陣地にあるボールの数は投げる前と変わらず、大気から海洋へ移動する量と、海洋から大気へ移動する量が等しくなります。この状態を平衡状態とよんでいます。私たちには何も起こっていないように見えますが、実際のミクロの世界では両者一歩も引かない白熱した激しいボール投げがまさに繰り広げられているという状況です。

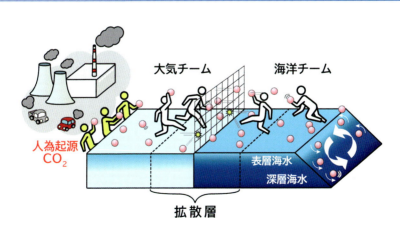

図3-1　大気－海水境界面でのCO_2の交換のイメージ

▶▶ 私たちが放出している CO_2 の半分以上は大気に残留する

　さて、このボール投げ大会に私たちはどのように参加しているのでしょうか？　2023年現在、私たちが化石燃料を燃やして大気に放出している CO_2 量は炭素換算で年間100億トン程度になり、大気中の CO_2 全量の1.1%に相当します。つまり私たちが図3-1の黄色で示した人たちのように毎年大気チームの陣地にボールを増やして加勢することで、大気チームが海洋チームの陣地へ投げるボール（つまりは CO_2）を増やしているのです。その結果、海洋チームの陣地にも徐々にボールが蓄積するため、海洋の CO_2 量も増加していくのです。

　時を産業革命が起こる前に遡ってみましょう。当時、大気から海洋への CO_2 の移動量は540億トン程度であったと推定されています。この一方で、陸域の河川から海洋へある程度の炭素が流入し、CO_2 が生成されて大気へ放出されるため、少しばかり海洋から大気への移動量が多く（546億トン）、現在とは異なり正味では CO_2 が海洋から大気へ毎年6億トン程度放出されていたと考えられています。一方で、陸域では海洋からの放出と同程度の炭素が大気から吸収されており、また、人為起源の CO_2 発生量が非常に少なかったため、この当時大気中の CO_2 濃度は280 ppm程度で安定していました（気候変動に関する政府間パネル（Intergovernmental Panel on Climate Change：IPCC）第6次評価報告書）。

　一方、現在は大気側へ私たちが CO_2 のボールを供給し続けているために大気中の CO_2 濃度が増加し、交換量が産業革命前に比べて240〜260億トンも増えたとされています。IPCC第6次評価報告書によると、2010年〜2019年の間に大気から海洋に移動する CO_2 量は平均で年間約795億トン、海洋から大気へ移動する CO_2 量は約776億トンであると見積もられていることから、ボール投げ大会の結果、その差し引きの約19億トンが毎年海洋に吸収されている、ということになります。（図3-2）このように、交換量自体よりも、全体の収支には最終的な正味の移動量がどうなっているかが重要であるというわけです。

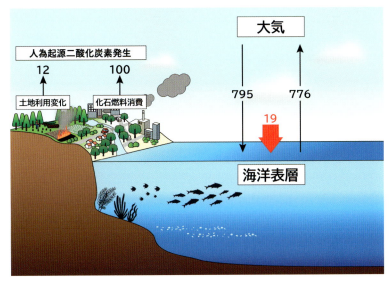

図 3-2　CO_2 の移動の様子
大気と海洋の間の 1 年間の CO_2 の移動量と人間活動による排出量（2010 年〜2019 年平均、単位は億トン／年）

　自然界においては海洋と同様に森林等の陸域生態系も同程度かそれ以上の CO_2 を吸収していると考えられており、両者を合わせると化石燃料起源の CO_2 量 100 億トンの約半分程度が海洋と森林等に毎年移動していることになっています。そして、その吸収できなかった残りの半分が毎年大気に蓄積されています。その結果、この 200 年の間に大気の濃度は 280 ppm から 420 ppm（2023 年現在）程度まで増加しました。ここ最近では毎年 2 ppm 以上の濃度増加が観測されています。

　世界の平均気温上昇を 2 ℃未満に抑えることを目指すパリ協定に基づくと、大気の CO_2 濃度は 450 ppm 以下に抑える必要があるとされていますが、もし現在の CO_2 排出量が今後も続くと 2030 年代前半には大気中の CO_2 濃度が 450 ppm に達します。そのため、温室効果ガスの排出削減は待ったなしの状態といえます。

▶▶〈参考〉どのようにして、このような交換量が推定されているのでしょうか

　移動量は放射性炭素を含むCO_2が海洋へ吸収する量を測定して推定されます。放射性炭素は宇宙線が地球上の窒素に作用して生成され、大気中にCO_2として一定レベル存在するいわば色のついたCO_2のボールです。このボールが海洋へ吸収される速度を観測したり、1960年前後の核実験で大量に放出された色付きのボールが海洋に侵入する様子を観測したりするなどして、大気CO_2が海洋へ移動する速度（交換量）を見積もっています。

(注1)　**Q03** では CO_2 の量を炭素で換算して記しています。CO_2 の量で表すには、炭素換算量を 3.66（= 44.01/12.01）倍する必要があります。

(注2)　ppm は濃度の単位で、100 万分の 1 を表します。

回答者：**中岡 慎一郎**（なかおか・しんいちろう）
国立環境研究所地球システム領域地球環境研究センター大気・海洋モニタリング推進室主任研究員。東北大学大学院理学研究科博士課程修了。博士（理学）。国立極地研究所生物圏研究グループ特任研究員、国立環境研究所地球環境研究センターNIES ポスドクフェローなどを経て現職。専門は炭素循環・海洋。

回答者：**向井 人史**（むかい・ひとし）
国立環境研究所地球システム領域物質循環観測研究室客員研究員。東京大学大学院工学系科修士課程修了。博士（工学）。国立環境研究所気候変動適応センター長などを経て現職。専門は環境化学。

Q04
氷床コアからわかること：
二酸化炭素が先か、気温が先か

過去数十万年に渡る南極の氷のサンプルを分析して得られたデータでは、気温上昇が先にあって、それに追随して二酸化炭素（CO_2）などの温室効果ガス濃度が上昇していると聞きました。CO_2が増えて温暖化するのではなかったのですか。

A

気候変動に関する政府間パネル（Intergovernmental Panel on Climate Change：IPCC）の第6次評価報告書[注1]では、1750年頃以降に観測された、よく混合された温室効果ガスの濃度増加が、人間活動によって引き起こされたことには疑う余地がないとされています。このように近年の温暖化は温室効果ガスの変動がきっかけになっているといえますが、過去にはこれと逆に、気温の変動をきっかけとして大気中の温室効果ガス濃度が大きく変化していた自然現象があったのも事実です。

🔍 もっと詳しく！
▶▶ **過去に起こった氷期－間氷期サイクル**

大気中の二酸化炭素（CO_2）濃度は人類が化石燃料を燃焼させること以外にも、自然の仕組み（陸上植物や海洋の働きなど）によって大きく変動し得るものです。たとえば、過去数十万年の間に起こった氷期－間氷期（かんぴょうき）サイクルと同期するようにCO_2などの温室効果ガスの濃度が大きく変化していたという証拠が、南極やグリーンランドの氷床を掘削した氷のサンプル（氷床コア）（図4-1）から得られています。例として図4-2に一番最近の氷期（最終氷期）から現在の間氷期に移行する間の南極の気温（の指標）とCO_2濃度およびメタン（CH_4）濃度の詳細な変動を示します。この図を見ると、最終氷期からの気温と温室効果ガスの上昇はほぼ同

時か、気温の方がやや早いということがわかります。この現象は、まず気温上昇などの気候変動で温室効果ガスの濃度が変化し、温室効果ガスの変化がさらに気温変動を増幅させたものであると説明されています。この気温の変化と温室効果ガスの変化について、以下でもう少し詳しく説明します。

▶▶ 変動のきっかけは日射量の変化

およそ10万年の周期で起こった氷期−間氷期サイクルは、北半球の高緯度地方に降り注ぐ夏季の日射量が変わったことが"きっかけ"になっています。これは地球の自転軸や公転軌道の周期的な変化に対応しており、ミランコヴィッチサイクルとよばれています。図 4-2 の最終氷期の終わりを例にとると、この日射量変化をきっかけとして、北アメリカやヨーロッパを覆っていた氷床面積の減少とそれに伴う地表面反射率の減少、海水面

図 4-1　氷床コアとは
氷床コアに過去の空気が閉じ込められる仕組み

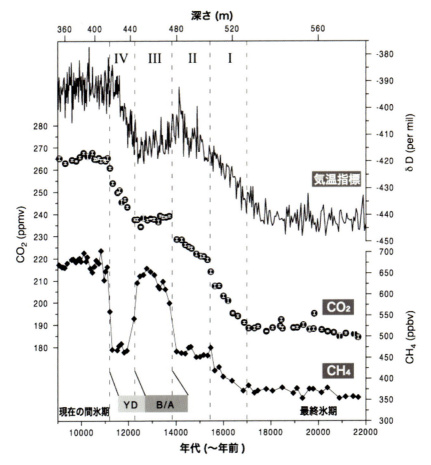

図 4-2 南極ドーム C で掘削された氷床コアを解析して得られた 22,000 年前から 9,000 年前にかけての、南極の気温の指標である氷を形成している水分子の水素同位体比（δD）、CO_2 濃度およびメタン濃度の変遷

Monnin, E., et al. (2001). Atmospheric CO_2 Concentrations over the Last Glacial Termination. Science, 291 (5501), 112-114. American Association for the Advancement of Science より許可を得て転載。

の上昇とそれに伴う大気中の塵の減少、さらには陸上植物の分布が変化したことなどが現在の間氷期への移行に寄与したとされていますが、これら

の変動に加えて CO_2 などの温室効果ガスの影響を考慮に入れないと、氷期―間氷期の気温差を半分程度しか説明できません。すなわち、過去にも、大気中の温室効果ガスの変動が地球の気候を実際に変えていたのです。

▶▶ 自然現象として温室効果ガス濃度が変化する仕組みが明らかにされつつある

次に、過去に温室効果ガスの濃度が変化したメカニズムですが、ごく大まかには、氷期－間氷期サイクルにおける CO_2 の変動には、南極周辺の海洋が重要な役割を担っていたと考えられています。一方、メタンは陸上の湿地が主たる放出源ですので、熱帯から北半球にかけての気温や降水量の変動に濃度が影響されます。図4-2 では、最終氷期から現在の間氷期にかけての気候変動が、ⅠからⅣの四つのステージに分けられています。CO_2 とメタンの変動がそれぞれのステージで違った振る舞いをしているのは、上記のような発生・吸収メカニズムの違いがあるからです。

このような気温上昇のタイミングや温室効果ガスの変動要因については、その後も次々と新しい事実が明らかになりました。日本が南極ドームふじ基地で掘削した氷床コアをきわめて詳細に解析した結果、最終氷期のみならずそれ以前の氷期の終わりも気温の上昇が先であったことがわかり、ミランコヴィッチ説を強く支持したことは、これらの議論の中でも大きな貢献でした[注2]。

▶▶ 過去の事実が語ること―人類が与える大きなインパクト

氷床コア解析のような過去の知見の蓄積は、将来の気候変動を予測するうえで非常に貴重な情報となります。さらに別な視点からいうと、図4-2 の"急激"に見える CO_2 の増加が1000年で20 ppm 程度であるのに対して、現在では"たった10年"で同程度の濃度上昇が観測されているのですから、氷床コア解析のデータはわれわれ人類が大気に対していかに大きなインパクトを与えているかを考えさせられる貴重な情報であるともいえます。

(注1) IPCC 第 6 次評価報告書第 1 作業部会報告書 政策決定者向け要約 暫定訳（文部科学省及び気象庁）https://www.data.jma.go.jp/cpdinfo/ipcc/ar6/IPCC_AR6_WGI_SPM_JP.pdf

(注2) 南極ドームふじの氷床コアを解析した結果、北半球高緯度の夏季日射量の変化がきっかけとなって、氷期−間氷期における気温と CO_2 の変動が生じたことが明らかになりました。Kawamura, K., et al. (2007). Northern Hemisphere forcing of climatic cycles in Antarctica over the past 360,000 years. nature, 448, 912–916. https://doi.org/10.1038/nature06015

※本回答の作成にあたり、国立極地研究所の川村賢二博士に有用な助言をいただきました。

回答者：**町田 敏暢**（まちだ・としのぶ）

国立環境研究所地球システム領域地球環境研究センター大気・海洋モニタリング推進室長。東北大学大学院理学研究科博士課程修了。博士（理学）。国立環境研究所地球環境研究グループ研究員などを経て現職。専門は大気科学。

地球温暖化 コトバの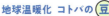

● **振る舞い**

　一般的には人のしぐさや動作のことをいいますが、気象の分野で用いられる「振る舞い」とは、対象とする物体の持つ特徴や状態が時空間方向にどのように変化していくのかを表現する際に用いられます。

　科学では、物体の特徴や状態を表現する際には、その物の性質を表す物理量（パラメータ）を用いて、科学的な解釈で相手にその物の状態を伝えることになります。すなわち、気象予報士の「台風の振る舞いを見てみましょう」を例にとると、「中心気圧が◯◯ hPa で、最大瞬間風速が時速◯◯ km で、北東方向に進行中です」といった具合に、パラメータの特徴やその時間発展をみて、台風の規模やその状態を表現します。

Q 05 森林の減少と二酸化炭素吸収量

世界で森林破壊が進んでいるというのに、植物による二酸化炭素（CO₂）の吸収量は増えているとも聞きました。いったいどちらが本当ですか。

A 高橋 善幸　 三枝 信子

世界の森林面積が全体として減少しているのは本当です。一方で、さまざまな研究の結果から陸上の植物の二酸化炭素（CO₂）吸収量は過去に比べて増えていると推測されていて、現在も研究が進められています。植物によるCO₂吸収量が環境の変化に応答して増加したり減少したりする作用について理解を進めることが重要となっています。

🔍 もっと詳しく！

▶▶ **森林破壊は進んでいる**

　森林破壊とは、人間が森林を過度に伐採したり焼いたりすることにより、森林が自然の力では回復できなくなり、森林面積が減少することをいいます。世界の森林面積を把握するために広く用いられている世界森林資源調査（Global Forest Resource Assessment：FRA）によると、現在の森林面積は陸地の約30％にあたる40億ヘクタール程度であり、1990年から2020年の30年間に、1年あたりおよそ590万ヘクタールの速さ（森林面積の0.15％に相当）で世界の森林面積が減少したと推定されています。過去30年において、世界全体での森林面積の減少は改善（減速）傾向にあるとされますが、現在でも世界の森林破壊は進んでいます。

　森林を農耕地や都市に転換するなど土地の利用形態を変えることを土地利用変化とよんでいます。土地利用変化は森林破壊により樹木が燃やされたり、土壌に蓄積された大量の有機炭素が分解されたりすることで二酸化

炭素（CO_2）が大気に放出される要素と、再植林や新規植林などCO_2の吸収を増やす要素の両方を含んでいます。土地利用変化全体では2013年から2022年の10年間で平均して1年間に13（±7）億トンの炭素が陸域から大気に放出されていると見積もられています（図5-1）。誤差が大きいのは、もとになるデータに土壌有機物の分解から出てくるCO_2の量など直接的に把握することが難しいものや、統計データが十分に整備されていない情報などが含まれていることによります。

▶▶ **陸域生態系の二酸化炭素（CO_2）吸収量の全体像**

植物の葉は昼間に太陽の光を利用して光合成を行い、CO_2を吸収します。一方、植物の葉・枝・幹・根は昼も夜も呼吸を行い、CO_2を放出しています。また、土壌の中に棲む微生物は、落ち葉や枯れた枝・幹などの有機物を分解することにより、昼も夜もCO_2を放出します。陸上植物が光合成により吸収するCO_2、呼吸や有機物分解により放出するCO_2はそれぞれ1年あたり1300億トン（炭素換算）程度と推定されています（図5-1）。

光合成によるCO_2の吸収が、植物の呼吸や有機物分解によるCO_2の放出よりも多ければ、その差し引き分の大気中のCO_2が陸域生態系に有機物として蓄えられます。これを「正味の吸収」といい、陸域生態系が大気中のCO_2濃度の増加を抑制する働きはこの「正味の吸収」によるものです。2013年から2022年の間の陸域生態系の正味のCO_2吸収はおよそ平均で1年間に33（±8）億トン（炭素換算）と推定されています。このうちの13（±7）億トンが土地利用変化で放出されていると推定されていますが、この部分を差し引いてもおよそ20億トン（炭素換算）が陸域生態系に吸収されているということになります。

注目してほしいのは、森林破壊など土地利用変化により大気に放出されるCO_2は、陸域生態系が光合成で吸収しているCO_2の量、あるいは呼吸・有機物分解で大気に放出しているCO_2の、およそ100分の1に過ぎないということです。たとえば、光合成によるCO_2吸収が1%増加すれば、土地

全球の炭素循環

図 5-1　2013 年から 2022 年の 10 年間の地球全体での炭素の循環

Friedlingstein, P., et al. (2023). Global Carbon Budget 2023. Earth System Science Data, 15 (12), 5301–5369. Fig 2 (CC BY 4.0) を改変。

利用変化により大気に放出される CO_2 を打ち消す効果があるということになります。光合成による吸収と呼吸・有機物分解からの放出は、光・温度・水分・大気の CO_2 濃度・樹木の種類・森林の年齢などにより変化します。環境の変化によって吸収や放出のバランスが変化すると、それらの差し引き分である「正味の吸収量」も大きく変化する可能性があります。森林破壊などの土地利用変化による放出が増えたとしても、他の要因で陸域生態系の正味の吸収量がそれ以上に増加すれば、陸域生態系全体での吸収量は増えることになります。

▶▶ 陸上植物による CO_2 吸収量は増えていると推測されている

　化石燃料消費などによって放出され炭素換算 96（± 5）億トンの CO_2 の

およそ半分である炭素換算52億トンが大気に蓄積されています。残りが海洋または陸域の生態系に吸収されていることになります。

　まず大気への蓄積に関しては、1）化石燃料消費量は統計情報からある程度正確に把握できること、2）大気の循環や混合の速さは海水の循環に比べて速く、全球的な観測網から得られたCO_2濃度変化が得られることから、大気へのCO_2蓄積量は正確に見積もることができます。

　一方で海洋では、CO_2の吸収・放出は場所と季節によって大きく変化するとともに、エルニーニョやラニーニャといった数年スケールでの変動やより大きな時間スケールでの変動にも影響を受けます。さらに、大気観測のように全球を網羅する常時連続観測データを海洋において得ることは困難です。また、陸域においては、生態系の吸収・放出するCO_2の量も気候帯や植生タイプにより変化し、短期長期の気候・気象的な変化にも影響を受けます。

　さらに、陸域生態系のCO_2のやり取りを観測するタワーが世界中のさまざまな場所に設置されていますが、それぞれのタワーが代表できる空間スケールは数ヘクタール程度であり、陸域生態系全体を直接的に把握することができません。海洋と大気の間のCO_2のやり取り、そして陸域生態系と大気の間のCO_2のやり取りをフラックスとよびますが、海洋あるいは陸域生態系のフラックスの測定・計算は大気のCO_2濃度の測定に比べて不確かさが大きいこともあり、その結果として海洋あるいは陸域生態系が吸収するCO_2の量を正確に求めることは難しいのです。吸収量の推定の誤差が大きいので、その変化を正確に把握することはさらに困難です。

　現在、さまざまな観測データを統合的に利用して、地球全体での大気・海洋・陸域生態系の間のCO_2の収支とその変化の推定が行われています。さまざまな観測結果や推定結果から総合的に判断すると、陸域生態系のCO_2のやり取りは温度や水分など気象条件の変化で年により大きく変動しますが、長期的にみると、土地利用変化からのCO_2放出の影響を考慮に入れたとしても陸域全体の吸収量は最近の40年程度は増加傾向にあったと

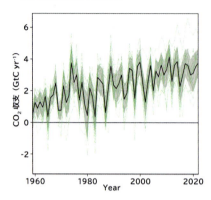 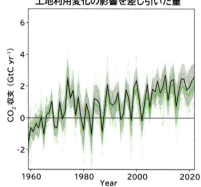

図 5-2　陸上植物による CO₂ 吸収量は増えている？

さまざまな全球植生モデル（数値モデルの一種）により推定された炭素収支の推定値（緑線）。黒線は全体の平均値を示す。Friedlingstein, P., et al. (2023). Global Carbon Budget 2023. Earth System Science Data, 15 (12), 5301–5369. Fig 8(a)（CC BY 4.0）を改変。

考えられています（図 5-2）。

▶▶ 陸上植物による CO₂ 吸収が増える理由

　陸上植物の CO₂ 吸収量が増加する理由は何なのでしょうか？　実は、同じ種類の植物で比べると 50 年前や 100 年前の植物に比べて現在の植物の方が CO₂ をたくさん吸収しているのではないかと主張する研究結果が報告されています。そうした研究では、植物による CO₂ 吸収量が増える理由として、(1) 大気中の CO₂ 濃度上昇による施肥（せひ）効果、(2) 人為起源の窒素酸化物による施肥効果、(3) 地上気温の上昇による効果などがあるのではないかと推測しています。(1) の CO₂ 濃度上昇による施肥効果とは、光合成の原料である CO₂ の濃度が高いほど植物は CO₂ を吸収しやすいため、光合成が促進される効果をいいます。(2) の窒素酸化物による施肥効果とは、人間活動の影響によって大気に放出された窒素酸化物が、雨に溶けるなどして森林に降り注ぎ、植物の栄養となる窒素成分を多く利用できるよ

うになるために成長がよくなる効果をいいます。(3) の地上気温上昇による効果とは、特に高緯度帯や高山帯などの寒冷地で生育する植物にとって、気温上昇により光合成速度が上がったり、1年のうちで光合成によって CO_2 を吸収する期間が長くなったりする効果をいいます。

　CO_2 や窒素の施肥効果を実験的に調べる研究も行われています。たとえば、野外で生育する樹木や農作物に CO_2 の濃い空気を吹きかけて植物の反応を調べる FACE（Free-Air CO_2 Enrichment experiment：開放系大気 CO_2 増加実験）という実験が世界のさまざまなタイプの森林で行われてきましたが、その結果によると、大気中の CO_2 濃度をもとの状態（およそ 370 ppm）の2倍程度にすると、樹木の成長量や農作物の収量が 10〜30% 程度増えるといった施肥効果があること、土壌中の窒素濃度が高いほど施肥効果が上がることなどの事例が報告されています。その一方で、植物の種類や年齢によって効果の程度が違うことや、施肥開始から年数がたつと成長量や収量が増えなくなる場合があることもわかってきています。森林のおかれている環境や気候条件によって、その CO_2 の施肥効果が大きく変化することになります。

　窒素施肥の効果については窒素の供給が過剰である場合は森林衰退につながることもありますし、気温の上昇は光合成量の増加だけでなく土壌有機物の分解の促進によって、生態系から大気への CO_2 放出を増加させる効果もありますので、陸域生態系による「正味の吸収」が今後どのように変化するか予測するには、正味の CO_2 吸収量を増加させる作用と減少させる作用についての理解を高めていく必要があります。

▶▶ CO_2 の吸収量を正確に計測するための研究

　植物の CO_2 吸収量が地球規模でどの程度増加しているか、またその増加している原因についての推定にはまだ大きな不確かさが残っています。現在、世界中の森林の CO_2 吸収量の変化を調べるため、植物生態学・林学・気象学といったさまざまな分野で研究が進められ、樹木の年輪を調べる方

法、樹木の直径成長量を計測する方法、気象学的な方法で大気から森林が吸収したCO_2量を計測する方法、人工衛星を使って広範囲の光合成量を計測する方法や、航空機やドローンなどを用いた森林バイオマスの詳細な測定など、さまざまな計測技術の開発が進められています。将来は世界中の植物によるCO_2吸収量の総量やその変化をより正確に求めることができるようになるでしょう。

回答者：**高橋 善幸**（たかはし・よしゆき）
国立環境研究所地球システム領域地球環境研究センター陸域モニタリング推進室長。名古屋大学大学院理学研究科博士課程修了。博士（理学）。国立環境研究所地球環境研究センター炭素循環研究室研究員などを経て現職。専門は生物地球化学。

回答者：**三枝 信子**（さいぐさ・のぶこ）
国立環境研究所地球システム領域長。東北大学大学院理学研究科博士課程修了。博士（理学）。産業技術総合研究所主任研究員、国立環境研究所地球環境研究センター陸域モニタリング推進室長などを経て現職。専門は気象学。

Q06 森林の二酸化炭素吸収量の測定方法

 森林の二酸化炭素（CO_2）吸収量が国全体や地球全体でどれくらいあるか、どうやって知ることができるのですか。

A   高橋 善幸　 伊藤 昭彦

国や地球全体の森林による二酸化炭素（CO_2）の吸収量は、現場レベルの観測と統計データ、モデルや衛星観測といった最新の手法を組み合わせて値を求めています。

もっと詳しく！

▶▶ **陸域生態系（森林など）は大量の二酸化炭素（CO_2）を吸収する**

　2021年に公表された気候変動に関する政府間パネル（Intergovernmental Panel on Climate Change：IPCC）の第6次評価報告書では、世界全体で陸域生態系（森林や草原、農地など）は2010年から2019年の10年間の平均として年間に炭素量にして34億トンほどのCO_2を正味で吸収していると見積もられています。これは、森林破壊と土地利用変化に伴うCO_2放出分よりも大きく、人間活動によって放出される温室効果ガスの収支を考えるうえで重要な要素となっています[注1]。では、どうやって世界全体の吸収量を求めているのでしょうか。

　まず、森林での炭素の流れを説明しておきましょう。陸上の植物は光合成によって、大気中のCO_2からバイオマス（すなわち、葉、幹（茎）、根など）[注2]を生産しています。それはやがて落葉や落枝となって地面に落ち、微生物の働きなどにより土壌がつくられます。炭素はこのようにバイオマスや土壌として生態系にたまっていることになります。生きている植物はためている炭素の一部を呼吸に使うことでCO_2として大気へ放出し、微生物も土壌有機物を分解しCO_2を放出します。人間活動が加わると木の伐採

や切りくずの廃棄によっても蓄積された炭素量の変化が生じますし、火災時には有機物が燃えて大気に放出されます。「森林の吸収能力」という場合、光合成によるCO_2の固定量全体を考える場合と、光合成により固定されたCO_2から植物や微生物によって大気中へ放出されるCO_2を差し引いた正味量を考える場合とがあるので注意が必要です。温暖化問題を考えるときは、陸域生態系が大気のCO_2をどの程度変化させたかを評価することが重要ですから、吸収と放出とを両方考えた正味の吸収能力で議論するのが適切でしょう。

▶▶ 微気象学的方法で森林の吸収量を測る

目で見渡せる1km四方程度の森林なら、CO_2の吸収量を直接測定することができます。森林の中にタワーを建て、森林の上で空気の動きとCO_2濃度の変化の関係性を精密に測定することで、森林へのCO_2吸収量を時々刻々測る方法（微気象学的方法とよばれます）が開発されています（図6-1）。この方法により無人の観測施設において太陽光パネルなどで得られる小さな電力で長期連続観測が可能となったため、それまでアクセスが困難であったり、電力インフラがないなどの理由で観測や調査が困難であった場所でのデータの収集が飛躍的に進みました。近年では、このような方法により世界900地点以上（2023年時点の世界的観測ネットワークFLUXNETへの登録数より）で観測が行われてきました。それらの成果から、多くの森林で1ヘクタールあたり年間1トン程度の炭素吸収が生じていることがわかっています。また、多地点のデータを比較したり、長期間の測定データを解析したりすることで、森林ごとの吸収能力の差や環境条件の変化に対する応答などについて研究が進められています。さらに、森林への炭素吸収がどういうメカニズムで生じているかを理解することは、環境変動が起こったときに森林の炭素吸収がどう変わるかを予測する基礎になります。今までの研究から、大気CO_2が増加したことによる光合成速度の増加（CO_2施肥効果[注3]）、近年の環境変化による植物の成長促進、植林の効果などがメ

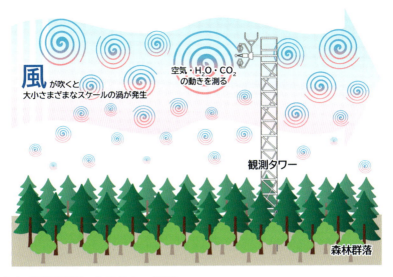

図 6-1　渦相関法によるタワー観測
微気象学的手法の代表的なものである渦相関法のイメージ

カニズムとして考えられています。一方、将来、温暖化が進んだ場合には、微生物の活動が活発化し、土壌有機物が分解しやすくなることで CO_2 放出量が増える可能性が示されています。森林の炭素吸収の将来予測をより正確に行うためには、このように複雑に絡まり合った効果を考慮する必要があります。

▶▶ 積み上げ方式で国全体の吸収量を推定する

　より広い範囲の森林の吸収量は直接測ることはできませんが、それを知るにはどうしたらよいでしょう？　森林のバイオマスや土壌中の炭素量を測ることで吸収量を求める、積み上げ法またはインベントリ法とよばれるものが使われます。これは、植物や土壌の中に貯留された炭素量の変化から、ある期間の積算した炭素の吸収量を求めるものです。もちろん、国中の木や土壌をすべて測定するのは無理なのですが、国土の3分の2を森林

が占める日本においては、重要な産業である林業の経営に関係するため、全国各地の試験地において長期にわたって統計的なデータが集積されてきています。それを使えば、市町村や国ごとの炭素吸収量を概算することができます。実際、1997年に採択された京都議定書の第一約束期間（2008-2012年）における森林吸収源の算出でも、このような手法が利用されていました。

　近年、市場を利用して温室効果ガスの排出削減量を売買できる仕組みとしてカーボンクレジットがあり、日本では2013年度以降の排出削減対策、吸収源対策を積極的に推進するために「J-クレジット制度」が運用されています。この中で森林分野（森林管理プロジェクト）では「森林経営活動」「植林活動」「再造林活動」の3つの方法論があり、森林の正味の炭素吸収量を算定してクレジットとして認証できるようになっています。この算定は日本国内で林野庁が中心となって集積した統計データや知見をベースにして行われています。

　積み上げ法による推定はバイオマスの測定が人力による作業に強く依存するため、広域化や高頻度化は容易ではありません。しかし、最近ではバイオマスの測定については、ライダー（LiDAR）と呼ばれるレーザー光によって対象物までの距離を測定する技術も活用されつつあります。たとえば航空機を用いたライダーでは、数百km^{2}程度の非常に広範囲のバイオマスを推定することができます。ライダーに用いられる機材については小型化・省電力化・低価格化が進んでおり、ドローンに搭載したり人間が背負うことのできるバックパック型パッケージとして運用することで、従来では困難であった森林の詳細な構造の数値化が可能となってきました。また、人工衛星に搭載したライダーによって、ボルネオ島（世界で3番目に大きい島）の数十万km^{2}程度の非常に広大な森林のバイオマス評価を行った事例もあります。このようにさまざまなスケールで測定されたバイオマスの変化が把握できるようになると、これまでに評価できなかった空間スケールでの吸収量の評価につながると期待されます。

地球スケールの炭素循環解明

　森林およびそれ以外の土地利用も含む地域・地球スケールの炭素循環を明らかにする研究では、大気中のCO_2濃度の空間分布を観測し、その変動から吸収量を求める方法を用います。前に述べたような、植物や土壌にCO_2が正味で吸収されると大気CO_2濃度は低下する方向になる（逆に、放出の場合は増加）関係を利用します。高いタワーや飛行機を使った広域的な観測に基づいて数百km^2以上の広い範囲の吸収量を推定することができます。そのとき、大気の流れによる輸送や拡散を考慮しなければなりませんので、精密な大気輸送モデルを用います。この方法は大気CO_2濃度の空間分布から、その分布を作り出した吸収／放出源の分布を推定するため「逆解析」とよばれます。近年まで、この方法ではごく大雑把な分布しかわかりませんでしたが、データ量や計算能力の向上によって、より詳細なパターンがわかるようになってきました。大気の観測では陸だけでなく海や人間活動の放出・吸収も同時に検出されますので、その寄与分を分離する研究も盛んに行われています。この方法の問題として、タワーや航空機の観測では地球全体をカバーすることが難しいという点があったのですが、これを克服するために人工衛星を用いて地球上全体の温室効果ガスの分布を測る方法が開発されています[注4]。日本でも2009年1月に温室効果ガス観測技術衛星GOSAT（Greenhouse gases Observing SATellite、愛称「いぶき」）、その後、後継機となるGOSAT-2が2018年に打ち上げられました。その観測データを用いて、地球スケールでの陸域生態系や海洋によるCO_2吸収の分布や変化をより高い精度で評価する方法が確立されつつあります。

森林の数値モデルによる評価

　温室効果ガスを直接測定するだけでなく、森林の機能をシミュレートするモデルを用いて吸収量を求める試みがなされています。これは植物の光合成と呼吸、土壌微生物による分解といった森林の炭素の動きを、コンピュータ上で計算することで模擬的に再現して吸収量を求めるものです。

この方法の大きな特徴は、観測データを集めるのが難しい長い期間や広い範囲について、炭素吸収量を求めることができることです。また同時に、より細かい時間変動や空間変動についても推定することができるという利点もあります。

　これまでに述べた微気象学的手法について、積み上げ法では肉眼で見渡せるような小さな空間スケールしか推定することができず、逆に航空機や人工衛星により測定されたCO_2の時空間分布から見積もる方法では、国程度の空間スケールでの推定となりますので、両者の間にはまだまだ大きな空間スケールの隔たりがあります。この両者の空間スケールの隔たりを埋めるうえで、数値モデルは有効です。

　たとえば、図 6-2 は、日本国内を 1 km の格子に分割し、詳細なモデル計算によって得た 2000〜2005 年の平均的な植物による正味のCO_2吸収量の分布です。北から南にかけて吸収が大きくなっていることがわかりますが、これは気候条件の変化にともなって森林タイプが亜寒帯常緑針葉樹林、落葉広葉樹林、暖温帯常緑針葉樹林、常緑広葉樹林と変化していることに対応します。国内の全森林（約 25 万 km^2）における吸収量は約 3250 万トン（炭素換算）と推定されました。温室効果ガスインベントリオフィス（https://www.nies.go.jp/gio/）が統計データなどを用いて計上した森林管理によるCO_2吸収量は年間 1300 万トン程度ですので、それよりだいぶ大きな値となっています。しかしモデル計算では天然林など森林管理が行われていない森林も含む点や、日本の森林の管理放棄や老齢化が進み、日本の森林管理によるCO_2吸収量は 2003 年から 2004 年をピークとして低下しつつある点には注意が必要です。

　コンピュータモデルを用いると、炭素吸収量の詳細な空間分布パターンを知ることができるようになるのは大きな利点です。また、コンピュータモデルを用いることのもう一つの重要な利点は、気候モデルに基づく将来の温暖化シナリオを使うことで、炭素吸収量の将来変化を予測することが可能になる点です。このようなモデル手法は、今後の気候変動研究ます

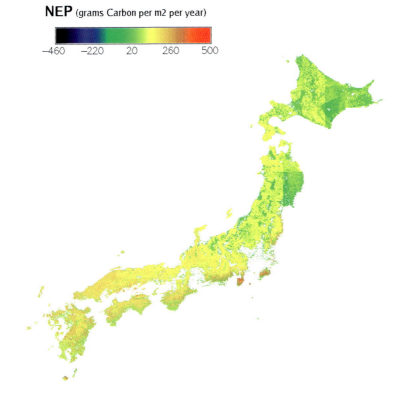

図 6-2　モデルで推定された日本国内の森林・農地・草地における 2000 〜 2005 年の炭素吸収量の分布

ます重要であり、モデルの信頼性を高めるため観測分野と協力して研究が進められています。

(注 1)　「**Q05 森林の減少と二酸化炭素吸収量**」をご参照ください。
(注 2)　バイオマスとはある面積に存在する生物（植物や動物を含む）の総量をいいます。

(注3) 植物に肥料を与えるのと同様な効果であることから「施肥効果」とよばれ、植物の成長を制限している資源（栄養塩やCO_2）が多く与えられることで成長が促進される効果のことをいいます。

(注4) 「Q22 温室効果ガスの衛星観測データの利用例」をご参照ください。

回答者：**高橋 善幸**（たかはし・よしゆき）

国立環境研究所地球システム領域地球環境研究センター陸域モニタリング推進室長。名古屋大学大学院理学研究科博士課程修了。博士（理学）。国立環境研究所地球環境研究センター炭素循環研究室研究員などを経て現職。専門は生物地球化学。

回答者：**伊藤 昭彦**（いとう・あきひこ）

東京大学大学院農学生命科学研究科森林科学専攻教授。筑波大学大学院博士課程生物科学研究科単位取得退学。博士（理学）。国立環境研究所地球システム領域物質循環モデリング・解析研究室主席研究員などを経て現職。専門は植物生態学。

・・・・・・・・・・・・・・・・・・・・・・・・・・・ 地球温暖化 コトバの

● **渦相関法**

渦相関法（乱流変動法とも呼ぶ）は大気乱流理論に基づいて地表に近い大気の中の物質や熱エネルギーの輸送量を評価する手法で、陸域生態系が吸収・放出する二酸化炭素（CO_2）量を群落スケールで定量する際に用いられる標準的な観測アプローチです。

地表に近い大気の中では風や気温、水蒸気などはさまざまな大きさ・時間スケールの乱流渦により時間的に変動しています。この大気の乱流により上層と下層の混合が行われ、ここに気温や物質の濃度に差があれば、その勾配にしたがって差をなくすように熱エネルギーや物質が輸送されることになります。

森林や農耕地など陸域生態系が吸収・放出する CO_2 の量を測定する場合には、群落の上での乱流渦による空気の動き（鉛直風速）とそれに連動した CO_2 濃度の変動を、高速な応答性をもった三次元超音波風速計と CO_2 分析計で計測し、その関係性をもとに CO_2 鉛直輸送量（単位面積当たりの CO_2 フラックス）を計算します。

この手法の利点は、少数のセンサで広範囲の CO_2 フラックスをほぼ直接的に定量でき、30分程度の時間分解能の変動を長期連続的に把握可能なことです。また、省電力化と自動化が進んだため、商用電源の得られない遠隔地やアクセスが難しい場所での長期無人観測が可能になり、2024年末の時点で世界中で900以上の森林や農地などのさまざまなタイプの生態系において、タワーを用いた CO_2 フラックスの観測が行われてきました。一方、短所としては、傾斜地や複雑な地形で計算の過程で誤差が生じやすく、また、夜間などの大気の鉛直方向の動きが安定した状況では乱流渦による CO_2 の輸送が起こりにくいなど、計算式の適用に不適切な条件となったり、降雨や霧などで機器が正常に機能しないといった観測機材の特性に起因する観測値の異常が起きたりすることがあります。これらの問題に対処し、精度の高い結果を得るためには、観測に関する高水準のスキルと高度なデータ解析のノウハウの集積が必要です。

分析計の発展により、大気中のメタンや一酸化二窒素（N_2O、亜酸化窒素ともいう）、オゾンといった温暖化物質や温暖化関連物質を対象とした渦相関法によるフラックス観測も実用化されており、さらに濃度の低い揮発性有機物なども観測可能な対象となりつつあります。

Q 07 地球全体の平均気温の求め方

 地球全体の平均気温はどうやって求めるのですか。観測点のない海洋上や陸上奥地などの気温はどうやって推測するのですか。また、観測点の周囲の環境が変われば、気温データにも見かけの変化が出てしまいませんか。

A 小倉 知夫 野沢 徹

過去に起きた気候変動を観測データに基づいて把握する際、よく用いられる指標が、地球全体の平均気温の時間的な変化です。その算出方法は、地球上に不均一に分布する観測データを緯度5度×経度5度などに格子点化して、さらに面積の重みを付けて平均する、というものです。現在、一般的に算出されている地球の平均気温の変化には、陸上のデータだけでなく、海洋のデータも考慮されています。また、観測機器や観測場所、周辺環境などの変化の影響もできるだけ取り除かれています。

🔍 もっと詳しく！

▶▶ 陸上の観測空白域はさほど大きくない

　温度計による気温の直接観測が世界的に行われるようになったのは1850年頃からですが、現在では世界に7000以上の観測地点が存在しています。地域的な分布にはかなりのばらつきがあり、欧米などでは非常に密に存在している一方で、サハラ砂漠やシベリア北部、アマゾン奥地などでは観測点が少ないです。ただし、これらの地域にも数百kmに一点程度の割合で観測点が存在しますし、観測の空白域は面積的にもそれほど大きくはありませんので、地球の平均気温の算出には大きな影響はないと考えられます。

▶▶ 地球表面の7割を占める海上の気温は海面水温で代用

　地球平均気温の時間的な変化を算出する際に、海洋上の気温は海洋表層の海水温度で代用されています。海洋表面の水温はさまざまな船舶により観測されており、昔はバケツで海水を汲み上げて計測されていましたが、近年では、エンジンの取水口近くに設置した温度計により計測されています。海洋上の気温も船の甲板上で観測されてはいますが、昼間の気温は船舶のヒートアイランド効果（甲板が日射を受けて熱を帯び、甲板上の大気を暖める効果）の影響を受けてしまうなどの問題があるため、地球の平均気温の算出には用いられていません。しかし、1ヶ月以上の時間スケールを考えるうえでは、海洋表面の水温変動と夜間に観測された海洋上の気温変動がほぼ等しいことが知られています。このため、海洋上の気温の時間的な変化を算出する際、海洋表層の海水温度を利用することに大きな問題はありません。なお、海洋表層の海水温度は漂流ブイやアルゴフロート（海表と海中を行き来しながら水温などを自動測定する装置）などでも観測されており、こうした船舶以外の手段による観測の重要性は近年高まる傾向にあります。

▶▶ 見かけの変化をもたらす要因には個別に対処

　地球の平均気温データに見かけの時間変化をもたらし得る要因としては、①観測機器の劣化や更新に伴う変化、②観測場所の移動（経緯度や標高）、③観測時刻や月平均値算出方法の変化、④都市化などの観測点周辺環境の変化、が挙げられます。このうち、①～③については、物理的な考察や統計的推定、変化前後の同時観測などによる補正が行われています。④についても、周辺の観測点との気温差が年々増大している地点を除く、などの対応が取られています。これらとは別に、人口や土地被覆、衛星から見た夜間地上光などの分布から都市と郊外を峻別し、平均気温に対する都市化影響の有無を評価する研究も行われています。また、都市によるヒートアイランド効果は夜間の弱風時に顕著であるため、夜間の地上風速

データを活用した都市化影響評価も行われています。これらの結果はいずれも、大陸規模以上の空間スケールで平均した気温については、都市化の影響はほとんど無視できることを示しています[注1]。

▶▶ 地球の平均気温は、格子点化された平年偏差の面積重み付き平均

　地球の平均気温を求めるには、まず初めに各観測点の気温の平年値（西暦の一の位が1の年からの30年平均値。たとえば1961〜1990年の30年平均値など）からの差を求めます（これを平年偏差とよびます）。次に、地球を緯度5度×経度5度などに分割した各格子内に存在する観測点の平年偏差を単純に平均して格子点データを作成します。地球の平均気温を求める際に、各観測点の平均気温そのものではなく、平年偏差を用いるのには理由があります。平均気温は観測点の地形や標高にも依存するため、複数の観測点を含む格子の平均気温を定義する際には、このような点も考慮しなければなりませんが、平年偏差であればその必要がないうえに、長期的な変化傾向の情報は保持されるからです。格子点化された平年偏差のデータに、各格子の面積の重みを付けて平均することにより、地球の全球平均気温（平年偏差）の時系列を算出します（ここで用いる「全球平均」は、「観測データが存在する限られた格子点の面積重み付き平均」を意味します）。図に示すように、平均操作に用いられる格子点数も現在から過去に遡るにつれて減少していきますが、このような、観測データが地球上の限られた地域にしか存在しないことによる誤差は、せいぜい±0.1℃程度と見積もられています。なお、観測データが存在しない地域については、周辺地域の観測データに基づいて気温を統計的に推定することが一般的となりました。その結果、データの空白域は大幅に縮小しています。

▶▶ 19世紀後半以降に約1.09℃上昇、主な原因は温室効果ガスの増加

　このようにして算出されている地球全体の平均気温は、19世紀後半（1850〜1900年）から最近10年間（2011〜2020年）にかけて1.09℃上昇した

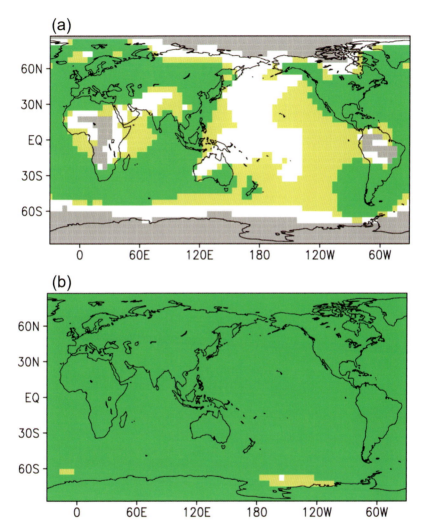

図 7-1　(a) 1851-1880 年および (b) 1994-2023 年の 30 年間において、一つの格子内（緯度 5 度×経度 5 度）に月平均気温データが存在する割合

白は 3 分の 1 (10 年分) 未満、黄色は 3 分の 1 以上、緑は 3 分の 2 (20 年分) 以上。灰色はデータが存在しないことを示す。英国気象局 (http://www.metoffice.gov.uk/) の地球の平均気温のデータに基づき、近藤洋輝（訳）「WMO 気候の事典」を参考に作成。データは観測値だけでなく、周辺地域の観測値から統計的に推定した値も含む。

ことがわかっています。この気温上昇の速度は急激なものです。木の年輪や湖底の堆積物などから推定された過去2000年間の気温変動と比較した場合、1970年以降の50年間は前例にないほど大きな上昇速度を示しています。この気温上昇の原因はいったい何でしょうか。気候モデルを用いた統計的推定によれば、近年の気温上昇は、二酸化炭素（CO_2）をはじめとする温室効果ガスの濃度増加なくしては説明できないと考えられます。人間活動が気候に重大な影響を与え始めていることは、疑いようのない事実であるといえるでしょう。

(注1) 大陸規模よりも小さい空間スケールで平均した気温には、都市化の影響が無視できない場合があります。たとえば、都市化が著しく進展している日本の平均気温には、多少なりともその影響が存在することを気象庁も認めています。
参考：文部科学省及び気象庁「日本の気候変動2020」https://www.data.jma.go.jp/cpdinfo/ccj/index.html

回答者：**小倉 知夫**（おぐら・ともお）
国立環境研究所地球システム領域気候モデリング・解析研究室長。東京大学大学院理学系研究科博士課程修了。博士（理学）。東京大学気候システム研究センターCREST研究員などを経て現職。専門は気象学。

回答者：**野沢 徹**（のざわ・とおる）
岡山大学学術研究院環境生命自然科学学域教授。京都大学大学院理学研究科博士後期課程修了。博士（理学）。京都大学防災研究所研究員、国立環境研究所地球環境研究センター室長などを経て現職。専門は大気物理学。

Q08 二酸化炭素の増加が温暖化をまねく証拠

 二酸化炭素（CO₂）が増えると地球が温暖化するというはっきりした証拠はあるのですか。

A

江守 正多

はい、あります。過去数十年の間、地球ははっきりと温暖化しており、そのおもな原因は二酸化炭素（CO₂）をはじめとする温室効果ガスの増加以外に考えられません。これ自体が、何よりの証拠です。

 もっと詳しく！

▶▶ 理論的には温暖化するはず

証拠の話に入る前に、理論的なことを簡単に説明します。

まず、二酸化炭素（CO₂）の分子は「赤外線」を吸収・放出する性質があります。これは、物理学の量子力学という分野で非常によくわかっていることです。赤外線は電磁波の一種で、伝播することでエネルギーを運びます。

地球の表面は赤外線のエネルギーを放出して冷えようとしますが、大気中に存在する CO₂ などの「温室効果ガス」が、逃げようとする赤外線を吸収して、また赤外線を放出します。放出された赤外線の一部は地表面に戻ってくるため、温室効果ガスには地表面付近を暖める効果があります。

実際にはこの過程はもっと複雑です（大気中にはたくさんの CO₂ 分子があり、赤外線の吸収・放出が繰り返されますし、CO₂ 分子は周りの窒素（N₂）や酸素（O₂）の分子と衝突してエネルギーをやりとりします。他にも水蒸気などの重要な温室効果ガスが赤外線を吸収・放出します）。その複雑な過程を考慮して、大気の中での高さ方向の赤外線のやりとりによって地球の気温が決まることを初めて精密に計算したのが、2021年にノーベル物理学賞を受賞された

Syukuro Manabe 博士の研究[参考文献[1]]です。そして、Manabe 博士はその方法を使って、大気中の CO_2 濃度が 2 倍に増えると地表付近の温度が 2℃ 程度上がるという計算結果を得ました。以上から、理論的には、CO_2 が増えると地球が温暖化する「はず」であることがわかります。

▶▶ 実際に温暖化したことが何よりの証拠

ですが、理論的な計算だけでは、現実世界に存在する重要な効果を何か

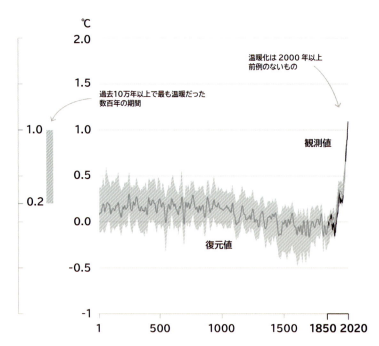

図 8-1　古気候の記録から復元された世界平均気温の変化

古気候の記録から復元された世界平均気温の変化（灰色、西暦 1-2000 年）および直接観測による世界平均気温の変化（黒色、西暦 1850-2020）。1850-1900 年を基準として気温変化を示す。小氷期（約 1400 年から約 1900 年）とよばれるような気候変動があったことがわかる。また、約 1970 年頃（20 世紀後半）から気温が短期間で急激に上昇した最近の温暖化が見られる。IPCC 第 6 次評価報告書政策決定者向け要約、図 SPM1(a) を改変。

見落としている可能性があるので、決定的な証拠にはならないでしょう。たとえば、Manabe博士の計算で完全には考慮することができない「雲」の変化などの効果によって、CO_2が増えても現実にはほとんど温暖化しないということがあり得るかもしれません。

しかし、決定的な証拠はあります。それは、地球が過去数十年の間に、

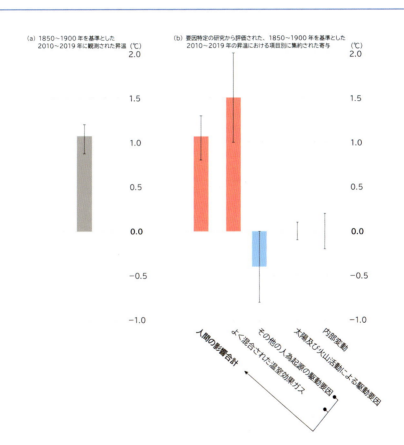

図 8-2　昇温における人間活動・自然の寄与
産業化以前（1850-1900年の平均）を基準とした近年（2010-2019年の平均）までの (a) 観測された世界平均気温上昇量および (b) 推定された各要因の寄与。人間の影響の寄与を合計したもので観測された気温上昇を説明することができ、自然の要因の寄与は小さいことがわかる。IPCC 第6次評価報告書政策決定者向け要約、図 SPM2(a)(b) を改変。

実際に温暖化したことです。

産業革命から現在までの200年程度（特にはっきりしているのは最近50年程度）の世界平均気温の上昇は、過去2000年程度の中で特異な大きさとスピードであり、自然には起き得ない温暖化であることが明らかです。さらに時間を遡っても、過去10万年の間で現在の地球がもっとも高温であると考えられています。

その特異な温暖化のおもな原因が人間活動（おもに温室効果ガスの増加）であることも明らかです。その理由は、他にこの気温上昇を説明できる要因が見当たらないからだけでなく、実際に観測された気温上昇の大きさが、人間活動の効果によって理論的に説明できる気温上昇の大きさと一致するからです（1850–1900年平均を基準とした2011–2020年平均までの観測された世界平均気温変化量が+1.1℃であるのに対して、温室効果ガスの増加による効果が+1.5℃、大気汚染などその他の人間活動による冷却効果が−0.4℃で、差し引き+1.1℃が理論的に説明できる人間活動の効果です。実際には各数値には不確かさの幅がありますが、それを考慮しても人間活動が唯一の主要な要因であることは変わりません）。そして、人間活動の効果のうち、最大の割合（+0.8℃程度）を説明するのがCO_2の増加による効果です。

▶▶ 人間活動以外では説明できない

人間活動以外に地球の温度に影響を与える要因には、太陽活動の変動、火山の噴火、気候の内部変動（何も原因がなくても自然に生じる変動）がありますが、どれも実際に起きた温暖化を説明できません。

特に、太陽活動は最近40年程度の期間は長期的に弱まる傾向にあります。太陽活動が弱まると、雲の変化を通じて地球が冷える（太陽系外から地球に降り注ぐ「銀河宇宙線」が増え、それが雲の核になることで雲が増え、日射を遮る）というメカニズム（スベンスマルク効果）が提案され、注目されていた時期がありました。しかし、地球は冷えるどころか逆に温暖化していますので、太陽活動の変化で温暖化はまったく説明できません。

火山の噴火も火山ガスから生成するエアロゾル（微粒子）が日射を遮って地球を冷やしますので、温暖化を説明できません。地球の内部変動は地球の持つエネルギーを一方的に増やし続けることはないので、やはり温暖化を説明できません。

仮に、まったく見落とされていた重要な要因がこれから見つかったとしても、CO_2 の増加が地球を暖めた効果がどこかに消えてしまうわけではありません。

なお、CO_2 は大気中の 0.04％の成分でしかないのに、それが多少増えても温暖化するわけがない、と思う人がいるかもしれませんが、それは錯覚です。大気の主成分である窒素と酸素の分子は温室効果をもちません（つまり、赤外線を吸収・放出しません）。地球大気が持つ温室効果は水蒸気や CO_2 といった微量な成分によりもたらされているのです[注1]。そのうち2割程度は CO_2 によるものと考えられるので、それが増えれば地球が温暖化するのはまったく不思議でありません。

(注 1)「**Q09 水蒸気の温室効果**」をご参照ください。

参考文献

[1] Manabe, S., & Wetherald, R. T. (1967). Thermal Equilibrium of the Atmosphere with a Given Distribution of Relative Humidity. Journal of the Atmospheric Sciences, 24 (3), 241–259. https://doi.org/10.1175/1520-0469(1967)024<0241:TEOTAW>2.0.CO;2

回答者：**江守 正多**（えもり・せいた）

東京大学未来ビジョン研究センター教授。東京大学大学院総合文化研究科博士課程修了。博士（学術）。国立環境研究所気候変動リスク評価研究室長、地球システム領域副領域長などを経て現職。専門は気候科学。

Q09

水蒸気の温室効果

大気中の水蒸気が温室効果ガスとしては最大の寄与があると聞きました。少しくらい二酸化炭素（CO_2）が増えたところで、水蒸気の量に比べれば小さなもので、温暖化が進行するとは思えないのですが、間違っていますか。

A

横畠 徳太

水蒸気は温室効果ガスとしてたしかに最大の寄与を持ちますが、二酸化炭素（CO_2）も重要な役割を果たしています。現在の大気の温室効果は約5割が水蒸気、2割がCO_2によるものです。このため大気中のCO_2濃度が増加することによって、温暖化が進行すると考えられます。実際にはこの気温上昇に伴い、自然の仕組みによって大気中の水蒸気が増えることにより、さらに温暖化が進むことが予想されます。

🔍 もっと詳しく！

▶▶ **二酸化炭素（CO_2）の増加は温暖化を進行させる**

現在の地球は大気中に水蒸気やCO_2などの温室効果ガスが存在することによって温暖な環境が保たれています[注1]。大気中に温室効果ガスがない場合、地表気温はおよそマイナス19℃になりますが、温室効果ガスの存在によって地表気温はおよそ15℃になっています。つまり現在の大気にはおよそ34℃の温室効果があるのです。

現在の大気中の水蒸気やCO_2がもつ温室効果の強さを示したのが図9-1です。水蒸気は広い波長域で赤外線を吸収するため、温室効果としてもっとも大きな寄与（48％）をもちます。しかし、水蒸気はすべての波長の赤外線を吸収するわけではなく、15μm付近の赤外線はCO_2によってよく吸収されます。このため全温室効果に対するCO_2による寄与は21％程度にな

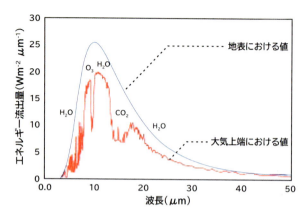

図 9-1　現在の大気中の水蒸気や CO_2 がもつ温室効果の強さ

地表（青線）および大気上端（赤線）における赤外線スペクトル（単位波長・面積・時間あたりの上向きのエネルギー流出量）。青線が地表から逃げる熱エネルギー、赤線が大気上端から逃げる熱エネルギーを示す。大気による温室効果（赤外線の吸収など）があるために、青線と赤線に差が生じている。図中の H_2O、CO_2、O_3 は、それらの分子による赤外線吸収が起こる波長領域を示す。右枠の数字は、晴天時（雲がない場合）での寄与。左側の図、右側の寄与率とも、年間全地球平均の値を示し、観測に基づく地表温度・大気温度・大気組成の全球分布をもとに、放射伝達過程を計算した結果。Kiehl, J. T., & Trenberth, K. E. (1997). Earth's Annual Global Mean Energy Budget. Bulletin of the American Meteorological Society, 78, 197-208. © American Meteorological Society. Used with permission.

ります。

　このように CO_2 は大きな温室効果をもつため、その濃度が増加すると気温は上昇すると考えられます。大気中の CO_2 濃度は、人間活動の影響によって年々増加しています。仮に現在の大気状態のまま、大気中の CO_2 濃度だけが2倍になった場合の温室効果の寄与だけを考えると、地表気温は1.2℃程度上昇します[参考文献[1]][(注2)]。

▶▶ 水蒸気量の増加が温暖化をさらに増幅

　実際に大気中の CO_2 濃度が増えた場合の地表気温上昇は、さらに大きくなると考えられます。これは気温上昇とともに、自然界の仕組みによって

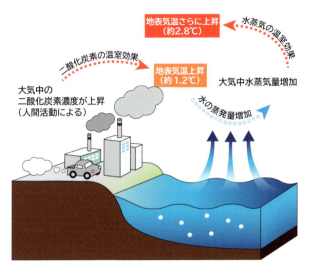

図 9-2　自然界の仕組みと大気中水蒸気量の増加
CO₂ の増加による温暖化と、それに伴う大気中の水蒸気量増加がもたらす効果。

大気中の水蒸気量が増加するためです（図 9-2）。

　大気中に含まれ得る水蒸気量は「飽和水蒸気量」とよばれ、気温によって決まっています。気温が高いほど飽和水蒸気量は大きくなります。飽和水蒸気量以上の水蒸気が大気中に存在すると基本的には凝結が起こりますので、それ以上の水蒸気は存在できません。飽和水蒸気量に対する大気中の水蒸気量の割合が、「相対湿度」です（温湿度計で表示される「湿度」と同じです）。現実の大気中では、あるところでは水蒸気が飽和し（雲が形成され）、あるところでは乾燥しており、平均的な相対湿度は5割程度になっています。地球上に含まれ得る水蒸気量の大きさを巨大なプールに例えると、そのプールには5割程度の深さまで水（水蒸気）がたまっていることになります。ここで、プールそのものの深さは、気温、すなわち飽和水蒸気量で決まっています。

　では CO_2 などの温室効果ガスの増加による気温上昇によって、大気中の

水蒸気量はどのように変化するのでしょうか。これまでの人工衛星観測によって、大気中に存在する水蒸気の全量が推定されています[参考文献[2]]。それによると、過去の気温上昇に伴い、大気中に存在する水蒸気全量は増加している可能性が高いとされています。ただし、推定値の不確実性が大きいことから、大気水蒸気量全量の増加率に関しては、確信を持った値が得られていません。気候モデルによる過去の再現実験や将来予測実験でも、大気温度の上昇に伴い、飽和水蒸気量が増加することで、大気中の水蒸気量が増加する結果が得られています。

▶▶ 水蒸気量増加は自然の仕組みによって決まる

以上のように、CO_2 濃度の増加によって気温上昇が起こると、大気中の水蒸気量が増加すると考えられます。気候モデルの予測によるとこの水蒸気量の増加によって、大気中の CO_2 濃度が倍増したときの気温上昇は全体で少なくとも 2.8℃、つまり水蒸気量の増加を考えなかった場合の 2.3 倍程度になります[参考文献[1]]。このように何らかの原因によって（例：CO_2 濃度の増加）、大気や地表の状態が変わり（例：水蒸気量の増加）、その変化がさらなる気候変化をもたらす過程を一般に「気候フィードバック」とよびます[注3]。種々の気候フィードバックを同時に考慮した場合、大気 CO_2 濃度の倍増による気温上昇は 2.5℃ から 4.0℃ の範囲（最良推定値は 3℃）である可能性が高いとされています[参考文献[1]]。つまり、気候フィードバックによって温暖化が増幅されそうだということです。なお、CO_2 濃度を倍増させたときの気温の上昇を「気候感度」とよんでいます。

大事なことは、大気状態を変化させる最初のきっかけである CO_2 濃度増加は人間活動が原因である一方で、これによる気温上昇を増幅する仕組みは自然の都合で決まってしまう、ということです。たとえば過去20年の水蒸気量の増加は、人間が排出した水蒸気量では説明できません。人間活動による水蒸気排出としては、灌漑や発電所での冷却による水利用などがありますが、これらの活動による大気中の水蒸気量増加は、観測された水蒸

気量増加と比べると無視できる大きさだと、報告されています[参考文献[3]]。このことは、過去の水蒸気量増加が自然の仕組みによってもたらされたことを意味します[(注4)]。このような自然界の「温暖化増幅機能」をできるだけ働かせないためには、われわれがCO_2排出を抑えるしか方法はないといえます。

- (注1) 「**Q08** 二酸化炭素の増加が温暖化をまねく証拠」をご参照ください。

- (注2) 現在の大気のもつ温室効果がおよそ 34℃ですので、CO_2 による温室効果はその 21％、およそ 7℃になります。CO_2 が 2 倍になったときの 1.2℃という地表気温上昇はこの値に比べて小さな値になっていますが、これは CO_2 が赤外線を吸収する効率が CO_2 濃度の対数に比例するためです。

- (注3) 本文で説明した気候フィードバックを「水蒸気フィードバック」とよびます。このほかの重要な気候フィードバックとしては、たとえば CO_2 増加による気温上昇→雲による日射の反射率や赤外線の吸収率が変わる→気温上昇率が変わる（雲フィードバック）、極域の雪氷が融解して地表による日射の吸収率が変わる→気温上昇率が変わる（氷アルベドフィードバック）、などがあります。

- (注4) このほかに、人間活動に伴い水蒸気量が増加する仕組みとして、成層圏においてメタンが酸化されることが知られています。しかしこれによる温室効果は、大気中の CO_2 濃度増加によるものに比べきわめて小さいと考えられています[参考文献[4]]。

参考文献

[1] IPCC 第 6 次評価報告書第 1 作業部会第 7 章 https://www.ipcc.ch/report/ar6/wg1/downloads/report/IPCC_AR6_WGI_Chapter07.pdf

[2] IPCC 第 6 次評価報告書第 1 作業部会第 2 章 https://www.ipcc.ch/report/ar6/wg1/downloads/report/IPCC_AR6_WGI_Chapter02.pdf

[3] Sherwood, S. C., Dixit, V., & Salomez, C. (2018). The global warming potential of near-surface emitted water vapour, Environmental Research Letters, 13 (10), 104006. https://doi.org/10.1088/1748-9326/aae018

[4] IPCC 第 6 次評価報告書第 1 作業部会第 8 章 https://www.ipcc.ch/site/assets/uploads/2018/02/WG1AR5_Chapter08_FINAL.pdf

回答者：**横畠 徳太**（よこはた・とくた）

国立環境研究所地球システム領域地球システムリスク解析研究室主幹研究員。北海道大学大学院理学研究科博士課程修了。博士（理学）。海洋研究開発機構地球環境変動領域温暖化予測研究プログラム研究員などを経て現職。専門は気候学（地球－人間システムモデルによる将来予測）。

Q10 二酸化炭素以外の温室効果ガス削減の効果

メタン（CH₄）の温室効果は二酸化炭素（CO₂）の10倍、一酸化二窒素（N₂O）は100倍、フロンガスは1万倍と聞きました。CO₂よりもこれらのガスを先に減らすべきではないですか。

A

  梅澤 拓　 野尻 幸宏

これらの数字はガスの単位量あたりの温室効果ですが、温暖化をもたらす効果は単位量あたりの温室効果と濃度増加のかけ算で決まります。このことから、温暖化に対して最大の寄与を示す二酸化炭素（CO₂）の削減を急がなくては本質的な対策になりません。ただし、CO₂以外の温室効果ガスの温室効果を足し合わせると全体の1／3に達し、その削減は重要です。メタンや代替フロン類の削減は温暖化抑制の効き目が早く、今世紀前半のような近い将来の温暖化を遅らせて気候の急激な変化を防ぎます。一方、一酸化二窒素（N₂O）、フロン類、六フッ化硫黄（SF₆）などの削減は効き目が遅いものの、それ以降の長期にわたる温暖化抑制に欠かせません。CO₂の削減とともに、どちらも急いで進めるべき重要な対策です。

もっと詳しく！

▶▶ 長寿命温室効果ガス

　主要な温室効果ガスには、もっとも濃度の高い二酸化炭素（CO₂）のほか、メタン（CH₄）、一酸化二窒素（N₂O、亜酸化窒素ともいう）、フロン類などハロゲン元素を含む温室効果ガスがあります。各ガスの温室効果は、大気中人為増加量とGWP（Global Warming Potential：地球温暖化係数）の積で評価されます[注1]。GWPはCO₂を1としているため、CO₂以外の温室効果ガスの量とGWPの積はCO₂換算の温室効果を表します。

059

これらのガスの現在の大気濃度、大気寿命、GWPを**表1**に示しました。濃度の低いガスのそれぞれのGWPは大きいとはいえ、ガスごとの温室効果は大気中の量の人為的増加とのかけ算になるので、産業革命以降130 ppmも濃度が上がり、現在年に2.5 ppmも濃度が増加しているCO_2と比較すると、その温室効果を全部足してもこれを上回ることはありません。産業革命以降の各温室効果ガスの大気濃度増加にGWPを積算して評価した温室効果の比率を示すと、CO_2が65％、CH_4が16％、N_2Oが6％、フロン類などの温室効果ガスが12％になります。この比率を考えれば、CO_2の削減をしないことには本質的な温暖化防止にならないことがわかります。ただし、CO_2以外の温室効果ガスも全体の約1／3の効果をもたらしているので、その削減は重要です。

GWPの決定には、大気化学的な要素が考慮されています。CH_4は、おもに対流圏（おおむね高度10 km以下の大気下層）での化学反応で分解され、大気中では平均寿命約12年で消滅していきます。これに対してN_2Oは、成層圏（対流圏の上層でオゾン層が存在する）に輸送されてから紫外線による光化学反応を受けるのが主たる分解過程であり、平均寿命は約109年と推定されています。このほか、フロン・代替フロン類中で大気濃度が高いCFC-11、CFC-12、HCFC-22と非常に強い温室効果を持つ六フッ化硫黄

表1　温室効果ガスの濃度、大気寿命、地球温暖化係数(参考文献[1]から[3])

	化学式	大気濃度（2020年）	大気寿命／年	100年GWP
二酸化炭素	CO_2	413 ppm	-	1
メタン	CH_4	1890 ppb	12	30
一酸化二窒素	N_2O	333 ppb	109	273
CFC-11	CCl_3F	224 ppt	52	6410
CFC-12	CCl_2F_2	500 ppt	102	12500
HCFC-22	$CHCl_2F$	248 ppt	12	1910
六フッ化硫黄	SF_6	10.3 ppt	850-1280	24700

（SF$_6$）の大気寿命と GWP を表 1 にまとめました。いわゆるフロンガスである CFC（クロロフルオロカーボン）は水素原子を含まないために対流圏の反応が遅く、成層圏に運ばれてから光化学反応を受けてオゾン層破壊を起こすガスです。そのため、同じような用途に使うことができ、オゾン層破壊の程度が小さい HCFC（ハイドロクロロフルオロカーボン）や HFC（ハイドロフルオロカーボン）、PFC（パーフルオロカーボン）が代替フロンとして使用されるようになりました。代替フロンがオゾン層破壊を起こしにくいのは、主に対流圏で反応して消滅し、成層圏まで運ばれにくいことが理由です。

　しかし、これらのガスは強い温室効果を示します。N$_2$O や CFC のような大気反応の遅いガスは、500 年のような長期の温暖化を引き起こす効果が大きくなりますが、CH$_4$ や代替フロンのような大気反応の比較的速い温室効果ガスは 20 年のような短期の温暖化を引き起こす効果が大きくなります。1997 年に採択された京都議定書における温室効果ガス排出削減の枠組みでは、対象とする温室効果ガス排出を 100 年 GWP で CO$_2$ に換算して各国排出量の総和を求め、温室効果ガス全量としての先進国による削減を目指しました。京都議定書に代わる国際枠組みとして 2015 年に採択されたパリ協定では、批准するすべての国が各国の温室効果ガス削減目標を作成・提出・更新することとなりました。この対象には、これまでに述べた CO$_2$、CH$_4$、N$_2$O、HFC、PFC、SF$_6$ が含まれます。一方、CFC と HCFC はオゾン層保護を目的としたモントリオール議定書によって規制され、さらに 2016 年のキガリ改正によって HFC も規制対象となりました[注2]。

▶▶ 温室効果ガスの削減効果の違い

　図 10-1 で、CH$_4$ と N$_2$O を例にして、大気反応の速いガスと遅いガスの地球大気全体で見た収支の応答を示します。図 10-1 の中の数値は気候変動に関する政府間パネル（Intergovernmental Panel on Climate Change：IPCC）報告書[参考文献[3]]におおむね準拠していますが、簡単にするためにキリのいい数字になるよう少し調整しました。産業革命以降、大気中の CH$_4$ 濃度は上

昇を続けました。これは人為的な放出量が増えて、全体の放出量が対流圏化学反応による消滅量を上回るようになったためです。対流圏化学反応による消滅が速い CH_4 の収支は大穴の開いた浴槽に例えることができます。そのため、人為起源排出が半減するならば、大気濃度は今より低い新たな平衡濃度まで、比較的速やかに低下します。ただし、温暖化フィードバックで自然排出源と消滅源が変化すると、収支予測にある程度修正が必要になります。

　一方、下の図の N_2O の収支は、小さい穴から水が漏れる浴槽に例えられます。人為起源排出が半減しても、ようやく濃度増加が停止するだけです。さらに、人為排出をゼロにしても、濃度が低下するには長い時間がかかります。このように、大気反応が遅いガスは遠い将来に及ぼす温室効果が大きく、既に大気に放出されてしまったガスは、100年、1000年にもわたって温暖化に寄与します。一方、大気寿命の短いガスは近未来に与える温室効果が大きいわりには、遠い将来の温暖化への寄与が小さくなります。

　これが、温室効果ガスの規制とどのような関係があるかを考えてみると、長寿命温室効果ガスの中で比較的寿命の短い CH_4 や HCFC などの削減効果には即効性があること、寿命のもっと長い N_2O、CFC、PFC、SF_6 の削減効果は将来の温暖化を抑制する効果があることになります。21世紀中に急激な温暖化が起こると、生態系や社会システムの対応が追いつかずに大きな影響が起こります。つまり、CH_4 や HCFC などの対策は、この急激な気候変動を抑制するのに効果的といえます。一方、N_2O、CFC、PFC、SF_6 の及ぼす温暖化は長期にじわじわと現れるので、将来の地球の気候に及ぼす影響が大きくなります。海面上昇や大規模な氷床の変化は、今後何世紀にもわたる気候変動がもたらす影響ですから、今のうちにこれらの寿命の長い温室効果ガスの削減を進めることが将来世代にとってきわめて重要なことは疑いがありません。

　CH_4 のおもな発生源には、自然発生源として湿地やシロアリなど、人為発生源として反芻家畜（ウシ、ヒツジなど）、水田、石炭・石油・天然ガス

図 10-1　大気中のメタンと一酸化二窒素収支の概念

大気中のメタンと一酸化二窒素の収支の応答の概念。IPCC 第 6 次評価報告書第 1 作業部会報告書を基に作成。

採掘、埋め立て、廃棄物・排水処理など、多種多様なものがあります。その消滅源は大部分が対流圏大気化学反応です。これまで、CH_4 濃度は年によって複雑に変動しながらも、継続的に増加してきました。その原因が、大気反応速度の変化なのか、排出量の増減なのか、未解明の部分も大きいのですが、CH_4 のような比較的寿命が短いガスは、対策により排出を減らせば大気濃度減少効果がすぐに現れると期待されます。一方、N_2O のような大気寿命が長いガスでは、大気濃度減少として排出量削減の効果が現れるのに時間がかかります。N_2O 発生源では、土壌からの自然発生がもともと大きいところに、農業の拡大と窒素肥料の使用で人為的排出が加わりました。また、燃焼、工業生産、医療利用（麻酔）などがその他の人為的発

生源です。CH_4 でも N_2O でも、食糧生産を支える農業が大きな人為的排出源であり、その対策は容易ではないと考えられます。

　長期的に見れば、22世紀以降のような将来の気候は、CO_2、N_2O、CFC、PFC、SF_6 のような寿命の長いガスの排出量削減が進むかどうかに強く依存します。パリ協定では、産業革命以前からの世界平均気温の上昇を 2℃ 未満に抑える（さらに 1.5℃ 未満に抑えるよう努力する）という目標が定められました。寿命の長い温室効果ガスの排出削減を大幅に進めることはもちろんですが、CH_4 のような比較的寿命の短いガスの排出削減を早期に進めることが、パリ協定の目標達成に向けた有効な対策になることもわかってきています。すなわち、CO_2 対策とともに、すべての人為的な温室効果ガスの排出削減対策を同時に進めることが必要です。

- **(注1)** CO_2 1kg と対象ガス 1kg を同時に大気に放つと仮定したとき、CO_2 は自然の吸収源に吸収され放出パルスによる濃度上昇がだんだんと小さくなる一方で、対象ガスも対流圏の大気反応や成層圏への輸送で濃度は低下します。現時点から 20年、100年、500年後までというように大気濃度上昇とガスの放射強制力（赤外線吸収効果）の積を時間積分し、単位重量 CO_2 の積算的温室効果に対する単位重量対象ガスの積算的温室効果を求めた数値が GWP です。

- **(注2)** 主要な成分については、PFC や SF_6 の寿命は非常に長い（PFC は 3000～50000年程度、SF_6 は 1000年程度）。CFC は寿命が長い（50～500年程度）。HFC は寿命の長いものから短いものまで多様です（1年～200年程度）。HCFC は比較的寿命が短い（10～20年程度）。

参考文献

[1] WMO 温室効果ガス年報 第18号（WMO Greenhouse Gas Bulletin No. 18 - 26 October 2022. 気象庁訳）https://www.data.jma.go.jp/gmd/env/info/wdcgg/GHG_Bulletin-18_j.pdf

[2] World Meteorological Organization (WMO), Scientific Assessment of Ozone Depletion: 2022, GAW Report No. 278, 509 pp., WMO, Geneva, 2022.

[3] IPCC 第6次評価報告書第1作業部会報告書（第5章 https://www.ipcc.ch/report/ar6/wg1/downloads/report/IPCC_AR6_WGI_Chapter05.pdf、第 7 章 https://www.ipcc.ch/report/ar6/wg1/downloads/report/IPCC_AR6_WGI_Chapter07.pdf）

Q10 二酸化炭素以外の温室効果ガス削減の効果

回答者：**梅澤 拓**（うめざわ・たく）

国立環境研究所地球システム領域物質循環観測研究室主任研究員。東北大学大学院理学研究科博士課程後期修了。博士（理学）。マックス・プランク化学研究所大気化学部門ポスドク研究員、国立環境研究所環境計測研究センター動態化学研究室主任研究員などを経て現職。専門は大気化学。

回答者：**野尻 幸宏**（のじり・ゆきひろ）

国立環境研究所地球システム領域客員研究員。東京大学大学院理学系大学院修士課程修了。博士（理学）。国立公害研究所水質計測部研究員、内閣府参事官（総合科学技術会議事務局担当）、国立環境研究所地球環境研究センター副センター長などを経て現職。専門は地球化学。

地球温暖化 コトバの豆知識

● **カーボンニュートラル**

　「2050年カーボンニュートラルを目指す」というニュースは皆さんもご存じかと思います。私たちは二酸化炭素（CO_2）などの温室効果ガスを排出していますが、気候変動を止めるためには、人間による温室効果ガス排出量を正味で（全体として：「ネットで」とよばれることもあります）ゼロにする必要があります。「排出量を正味でゼロにする」とは、CO_2 をはじめとする温室効果ガス排出量を、植林や森林管理などによる吸収量と釣り合わせることを意味します。ここで、「排出量」「吸収量」は、いずれも人為的なもの（自然ではなく人間が行うもの）であることが重要です。「中立」という意味で「ニュートラル」であり、また「ネットゼロ」とよばれることもあります。「排出量を正味でゼロにする」ことには時間がかかるため、2050年カーボンニュートラルに向けて、より手前の目標、たとえば2030年までにどれだけ減らすかが非常に大事になってきます。

Q11 エアロゾルの温暖化抑止効果

化石燃料を燃やしたときに発生する微粒子（エアロゾル）は、実は温暖化を抑止する効果があると聞きました。そうだとすると、温暖化対策として化石燃料の消費を抑えるという行為は、逆に温暖化を促進することにつながりませんか。

A

永島 達也

化石燃料を燃やしたときに放出される微粒子には、たしかに地表を冷却する効果がありますが、地球全体で考えた場合、同時に放出される二酸化炭素等の温室効果ガスによる温暖化の効果はそれを上回ると評価されており、化石燃料の消費を抑えることは有効な温暖化抑制策といえます。また、微粒子には健康への悪影響や大気汚染の原因となるなどの問題があり、その面からも化石燃料の消費を削減することが重要です。

🔍 もっと詳しく！

▶▶ 化石燃料の燃焼に伴って発生する微粒子（エアロゾル）

化石燃料を燃やしたときに放出される微粒子（エアロゾル）といえば、蒸気機関車から吐き出される黒煙や、ディーゼル車の黒い排気ガスなどを思い浮かべる方が多いと思います。この黒い微粒子は化石燃料が不完全燃焼を起こして発生した煤（すす）ですが、実際にはこうした目に見えるもの以外にも、不純物として含まれる硫黄分や、空気中の窒素などが燃焼によって酸化された物質、燃焼しきれずに残った燃料中の炭化水素などが気体（前駆気体）として放出されています。前駆気体は大気中での光化学反応を受けて変質し、二次的な微粒子が生成されます。大気中に放出あるいは生成された微粒子は、大気エアロゾルとよばれており、降水などによって大気から除去されるまで大気中を浮遊し(注1)、時には発生域から遠く離れ

た領域まで、大陸や大洋を越えて運ばれることが知られています。

　化石燃料の燃焼に伴うエアロゾルの種類や放出量は、燃焼させる化石燃料の種類や燃焼形態によって異なっており、一般的には石油や天然ガスに比べて、石炭からはより多くのエアロゾルが発生するといわれています。また、エアロゾルは化石燃料の燃焼からだけではなく、薪や農業廃棄物（稲藁など）の燃焼、森林火災などからも大量に発生していると考えられています。エアロゾルがもつさまざまな物理的・化学的な性質は、温暖化だけではなく、大気汚染や酸性雨など多くの環境問題にとって重要であり、これまでにも数多くの研究が行われています。

▶▶ エアロゾルが日射を変えるあの手この手

　エアロゾルは、いくつかの異なった過程により大気中での光や熱のエネルギーの流れを変化させ、気温を変化させる効果をもちます。そのような効果としては、エアロゾル自体が光を反射したり吸収したりすることにより地表へ届く太陽光を減少させる効果（直接効果）や、雲の性質を変化させることによる間接的な効果があります。雲を構成する雲粒は、エアロゾルを核として水蒸気の凝結により生成されますが、エアロゾルの数が多い場合は少ない場合に比べて、同じ量の水蒸気がより多くのエアロゾルに配分されることになるため、雲粒ひとつひとつのサイズが小さくなります。このような小さい雲粒からなる雲は太陽光を反射する効率（この効率をアルベドとよびます）が高くなります（雲アルベド効果）。また、小さな雲粒は雨粒にまで成長して大気中から除去されるまでの時間が長くなるので、雲として存在する時間が長くなり、太陽光を反射している時間がより長くなると考えられています（雲寿命効果）。

　いずれも地表に届く太陽光を減少させる効果があります。一方、光を吸収する性質のある微粒子（煤など）は、前出の直接効果によって地表に届く太陽光を減らすものの、吸収によって微粒子を含む大気層が加熱され、雲粒の蒸発が起こったり、大気が安定化して雲の発生が抑制されたりし

て、地表に届く太陽光を増やす効果（準直接効果）もあわせ持つと考えられています[注2]。

▶▶ 温室効果ガスによる温室効果は、エアロゾルによる冷却効果を凌駕する

　こうしたエアロゾルによる放射効果と、同時に排出される温室効果ガスによる温暖化効果の比較を考えてみましょう。仮に、バケツ一杯の石炭を燃やしたときに発生するエアロゾルと温室効果ガスについて、それらによる放射効果の大小を考えたとします。石炭が燃え尽きるまでもうもうと排出される黒煙や二次的に生成されたエアロゾルによって、当初は太陽光が著しく遮断され気温が一時的に下がるかもしれませんが、その後エアロゾルは降水などにより大気中から急速に失われ、次第に温室効果ガスによる温暖化の影響が現れてくることが予想されます。このような場合、エアロゾルは温暖化を抑止したといえるのでしょうか。さらに、バケツに次々と石炭を補充していった場合には、結果的にどちらの効果が優勢になるのでしょうか。

　こうした問いに答えるため、多くの気候モデルの結果を用いて定量的な評価が行われてきました。気候変動に関する政府間パネル（Intergovernmental Panel on Climate Change：IPCC）の第6次評価報告書によれば、工業化以降、大気中のエアロゾル量は化石燃料の使用が多い領域（北米、欧州、アジアなど）や森林火災の多発域（アマゾン、中央アフリカなど）で増加し、そのような地域では、エアロゾルの増加に伴って負の放射強制力[注3]（地表を冷却する作用）も大きく増加したと評価されています。

　しかしながら、全球で平均した場合、エアロゾルの増加による負の放射強制力の増加はエアロゾルの直接効果によって−0.22 W/m^2（ワット毎平方メートル）、それ以外の様々な効果（雲アルベド効果、雲寿命効果、準直接効果など）によって−0.84 W/m^{2}と見積もられており、これによる全球地表気温の低下は、それぞれ0.13℃および0.38℃と推定されています（図11-1）。そして、これら二つによる地表冷却の効果を足しても二酸化炭素（CO_2）の増

Q11 エアロゾルの温暖化抑止効果

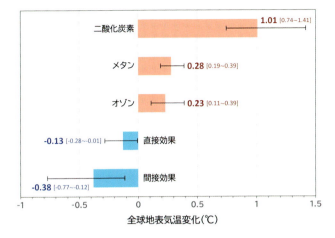

図 11-1　1750年を基準とした場合の2019年の気温変化への寄与

工業化以前（1750年）から現在（2019年）までに、各種気候強制要因が変化したことによる全球地表面気温変化の見積もり（IPCC第6次評価報告書第1作業部会報告書を基に作成）。右の数値は、各要因による全球地表面気温変化の最良推定値と、括弧内はいろいろなモデルや観測による推定値の90％が収まる幅。

加による正の放射強制力の増加（2.16 W/m^2）とそれによる全球地表気温の増加（1.01℃）に比べて小さいと評価されています。エアロゾルによる放射強制力変化の見積もりは不確実性が非常に大きく、研究の進展に伴って今後も変わる可能性はあります。実際、エアロゾルによる放射強制力の値はIPCCの第2次報告書から最新の第6次報告書にかけて大きく変遷しています。しかしCO$_2$に加えて、メタンや対流圏オゾンなど、化石燃料の消費に関係する温室効果ガスの影響を考慮すれば、化石燃料の消費に伴って発生する温室効果ガスによる正の放射強制力の方が大きくなります。このため、温室効果ガスとエアロゾルのすべてを考慮した場合の正味の放射強制力は正の値となり、地表を暖めているということができます（図11-1）。つまり、化石燃料の使用を抑える行為は、温暖化の抑制策として有効であると結論することができるでしょう。

▶▶ 温暖化も大気汚染も：一石二鳥の対策

　一方、化石燃料起源のエアロゾルには、環境へさまざまな悪影響を及ぼす物質であるという側面があります。たとえば、直径2.5 μm 以下などサイズの小さなエアロゾル（PM2.5）は、人間の肺の奥深くに到達して種々の健康被害を引き起こす可能性が懸念されています。

　また硫酸塩や硝酸塩からなるエアロゾルは酸性雨を引き起こし、森林や湖沼などの生態系に悪い影響を及ぼすことが知られています。さらに、前駆気体の変質過程ではエアロゾルとともにオゾンなどの光化学オキシダントが生成され、光化学スモッグとして知られる大気の汚染とそれに伴う健康被害を引き起こします。このため、過去に大気汚染を経験した国々では、自動車や工場、発電所などで化石燃料を大量に消費する際、排気中のエアロゾルや前駆気体を除去（脱硫、脱窒）する対策が進められてきました。しかしながら、同時に発生する温室効果ガスを排気から除去する対策については遅れており、現状では、エアロゾルの排出だけが抑制されている状況といえます。こうした状況では、エアロゾルの冷却効果によりこれまで部分的に相殺されてきた温室効果ガスによる温暖化を、ある程度促進してしまった可能性があるかもしれません。

　けれども、エアロゾルの健康影響や大気汚染の被害は甚大であり、温暖化対策のためだけを考えて燃焼排気中からのエアロゾルの除去を止めるわけにはいきません。結局、温暖化対策と大気汚染問題への対策の双方を満たすためには、エアロゾルと温室効果ガス双方の発生源たる化石燃料の消費自体を抑制していくことが何よりも重要であるといえるでしょう。

....

(注1) エアロゾルが大気中を滞留できる時間は気象条件などにより異なりますが、対流圏では一週間程度、圏界面から成層圏にかけては数ヶ月から数年程度です。

(注2) ここに挙げた以外にも微粒子による間接的な効果（たとえば氷晶核効果など）が提案されています。

(注3) 放射強制力とは、CO_2 などの温室効果ガスの濃度や太陽放射強度などの変化による対流圏界面における放射強度の変化のことです。放射強制力が正の場合には地表を加熱し、負の場合には冷却します。

回答者：**永島 達也**（ながしま・たつや）

国立環境研究所地球システム領域物質循環モデリング・解析研究室長。東京大学大学院理学系研究科地球惑星物理学専攻博士課程修了。博士（理学）。国立環境研究所地域環境保全領域大気モデリング研究室主席研究員などを経て現職。専門は大気環境学。

地球温暖化 コトバの豆知識

● **短寿命気候強制因子（SLCF）**

　気候変動を引き起こす大気中の寿命が短い物質を短寿命気候強制因子（Short-lived Climate Forcer: SLCF）といいます。SLCFにはエアロゾル、対流圏オゾン、それらの原因となる大気汚染物質及びメタンなどの温室効果ガスが含まれます。SLCFの中で、ブラックカーボン（すす、黒色炭素エアロゾルともよばれる）、対流圏オゾン、メタン及び一部の代替フロン類などの温室効果を持つ物質は短寿命気候汚染物質（Short-Lived Climate Pollutant: SLCP）とよばれ、SLCPをすべて足し合わせた温室効果は CO_2 にほぼ匹敵します。

　近未来（2030–2050年）の温暖化を抑制するとともに、北極やヒマラヤなど気候変化に対して特に脆弱な地域において氷床・氷河の融解などの壊滅的被害を避けるためにはSLCPの削減が有効です。一方、硫酸エアロゾルなど冷却効果を持つSLCFの減少は昇温を起こすため、将来（2100年）の気温上昇を2°C以内（2°C以下であれば、被るリスクが小さいと予想されている）に抑制するためには、長期的な CO_2 削減努力に加えてSLCFの管理を行うことが重要です。

Q12 太陽黒点数の変化が温暖化の原因？

 太陽の黒点数の変化と気温の変化との間に強い相関があると聞きました。ということは、太陽活動の活発化が温暖化の主要な原因なのではないのでしょうか。

A

野沢 徹

塩竈 秀夫

太陽黒点数の変化は、太陽から地球に降り注ぐ放射エネルギーの変化をもたらすため、地球の平均気温を変化させる可能性はあります。しかし、地球の平均気温は、太陽活動だけでなく、大規模な火山噴火、温室効果ガスや大気汚染物質の増加などによっても変化することに注意が必要です。最新の観測データを見ますと、20世紀半ば以降、長期的には太陽黒点数はほぼ横ばいか減少傾向を示しており、太陽活動が活発化しているとは考えられません。すなわち、太陽活動が近年の温暖化の主要な原因であるとは考えられません。

🔍 もっと詳しく！

▶▶ 太陽黒点数の変化は気温の変化をもたらし得る

　太陽黒点は太陽表面に見られる黒いしみのような領域を指し、周囲よりも温度が低いために黒く見えています。複数の黒点がまとまって発生することが多く、このまとまりを黒点群とよびます。太陽黒点数の定義には複数ありますが、一般によく使われているのは黒点相対数とよばれるもので、黒点群の数と個々の黒点群に含まれる黒点数から算出され、太陽活動の変化をよく表現した指標として知られています（以降、黒点数＝黒点相対数とします）。

　太陽表面には、黒点のほかにも白斑とよばれる周囲より温度が高い（＝明るい）領域も存在し、黒点の近くによく現れます。太陽の明るさは、黒

点により暗くなる効果と白斑により明るくなる効果のバランスによって決まりますが、白斑の効果がわずかに上回るため、太陽黒点数が増えると太陽の明るさも増加します。この"太陽の明るさ"は地球に降り注ぐ太陽放射エネルギーに相当し、地球の気候システムの駆動源となっています。そのため、太陽黒点数の変化に応じて地球の平均気温が変化することは十分考えられます。

▶▶ 気温を変化させる要因はさまざま

　一方で、地球の平均気温を変化させる要因は、何も太陽エネルギーの変化だけに限られているわけではありません。二酸化炭素（CO_2）をはじめとする温室効果ガスの増加が気温の上昇をもたらすことはよく知られていますし、大規模な火山噴火により成層圏にまで運ばれた火山性ガス（亜硫酸ガスや硫化水素など）から生成される硫酸エアロゾル（硫酸液滴の微粒子）は、地表面に届く日射を遮ることで気温の低下をまねきます。同様の効果は、人間活動に伴う大気汚染物質の放出によっても引き起こされます。逆に、煤（すす）などは日射を吸収することで地球の大気を暖める効果をもっています。オゾン層の変化や森林破壊（耕作地の拡大）なども地球の気温に影響を与えています。また、これらの要因がなくても、自然界の長い時間の中で変動する"気候の揺らぎ"[注1]も存在し、これによっても気温は変動します。地球の平均気温が変動する原因を考える際には、これらのさまざまな要因についても検討しなければならないことに注意が必要です。

▶▶ 太陽活動は近年の温暖化を説明できない

　以上を踏まえたうえで、実際に観測された過去約170年間の太陽黒点数と地球の平均気温の変化（図12-1）を見てみましょう。太陽黒点数は約11年の周期をもって増減を繰り返していますが、その最大値は必ずしも一定ではなく、周期ごとに異なっています。この最大値の変化と地球の平均気温の変化を比較しますと、19世紀後半から20世紀前半にかけては、たし

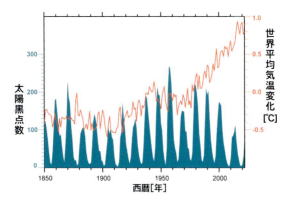

図 12-1　太陽黒点数と地球の平均気温の経年変化

太陽黒点数（青色の陰影部）と地球の平均気温（赤実線）の経年変化（Solar Influences Data Analysis Center (https://www.sidc.be/) の太陽黒点数のデータおよび、英国気象局 (http://www.metoffice.gov.uk/) の地球の平均気温のデータを基に作成）。地球の平均気温は 1961〜1990 年の 30 年平均値からの偏差を示している。

かに両者の相関が高いように思われます。しかし、すでに温室効果ガスも徐々に増加し始めており、この時期に観測された気温変化には、太陽活動の長期的な変化だけではなく温室効果ガスの増加も寄与していたと考えられています。

　一方で、20 世紀半ば以降には、太陽黒点数の長期的な変化はほぼ横ばいかむしろ減少傾向を示しており、そもそも太陽活動が活発化しているとは思われません。つまり、太陽活動の活発化が最近の温暖化の主要な原因であるとは考えられません。気候変動に関する政府間パネル（Intergovernmental Panel on Climate Change：IPCC）の第 4 次から第 6 次評価報告書でも紹介されていますが、気温を変化させる可能性のあるさまざまな効果をできるだけ考慮に入れた最新の研究によれば、CO_2 をはじめとする温室効果ガスの増加を考えなければ、20 世紀半ば以降に観測された温暖化を定性的にも定量的にも説明できないことが明らかになっています。

▶▶ 太陽活動が間接的に気温を変化させる仮説は信憑性が低い

　ここまでは、太陽活動が地球の平均気温に及ぼす直接的な影響についてお話ししてきました。一方で、太陽活動が地球の平均気温に対して間接的に及ぼす影響についても複数の仮説があり、地球に到達する宇宙線（宇宙空間を漂っている電気を帯びた原子核）と雲量が関係するというものもあります。太陽活動が活発な時期には磁場が大きく乱されるため地球に到達する宇宙線が減少しますが、それに伴って地球を覆っている雲の量が減少し、地表に到達する日射量が増加するために気温が上昇する、とする説です。ここでのポイントは宇宙線強度と地球の雲量の関係で、この説によれば、宇宙線により大気中に生成されたイオンが種となって雲を生成する、とされています。しかし、このようにして生成される雲が地球全体の雲量のどのくらいの割合を占めるのかなど、定量的にはまだまだ多くの不明な点が残されています。温室効果ガスの増加に伴う気温上昇に関して、大気中のCO_2が2倍に増えたときにどのくらい気温が上昇するか、などの定量的な議論が行われていることと比較しますと、太陽活動−宇宙線−雲の変化による温暖化説は、現段階では信憑性が低いと言わざるを得ません。今後の研究次第では、太陽活動−宇宙線−雲の変化をはじめとする太陽活動の間接的な影響による気温上昇の定量的な議論が可能になるかもしれませんが、それによって、温室効果ガスの増加に伴う気温上昇が無視されることは考えられず、温室効果ガスの増加が最近の温暖化の主要な原因の一つであることは間違いありません。

(注1) 気候の揺らぎとは、太陽からの放射エネルギーの変化や大規模な火山噴火、人間活動に伴う温室効果ガス排出量の増加など、気候システムの外部からの強制が一切なくても、大気や海洋、雪氷などが相互作用することにより生じる変動を指します。エルニーニョだけでなく、冷夏や暖冬などの年々変動も気候の揺らぎの一部と考えられます。

回答者：**野沢 徹**（のざわ・とおる）

岡山大学学術研究院環境生命自然科学学域教授。京都大学大学院理学研究科博士後期課程修了。博士（理学）。京都大学防災研究所研究員、国立環境研究所地球環境研究センター室長などを経て現職。専門は大気物理学。

回答者：**塩竈 秀夫**（しおがま・ひでお）

国立環境研究所地球システム領域地球システムリスク解析研究室長。京都大学大学院理学研究科博士後期課程修了。博士（理学）。京都大学防災研究所研究員（21世紀COE）、国立環境研究所地球環境研究センター気候モデリング・解析研究室主任研究員などを経て現職。専門は気象学。

Q13 オゾン層破壊が温暖化の原因？

温暖化の原因は、フロンガスによるオゾン層破壊のために、太陽光が地上を強く照らすようになるためではないのですか。

 A   秋吉 英治   山下 陽介

フロンガスによってオゾン層が破壊されると、太陽光がほんの少し強く地上を照らすようにはなるのですが、それによって地球が温暖化される効果はほとんどないと考えられます。温暖化の主な原因は、二酸化炭素（CO_2）をはじめとする温室効果ガスの濃度の増加にあります。

🔍 もっと詳しく！
▶▶ **オゾン層破壊は温暖化を引き起こすのか？**

　オゾン層破壊を理解するためには、まず太陽光の特徴を理解する必要があります。太陽からはさまざまな種類の光（電磁波）が放射され地球にやってきますが、その種類は波長によって区別されています。人間の目には見えない、波長が 400 nm（ナノメートル、1 nm = 10^{-9} m、10億分の1メートル）より短い光のうち、100〜400 nm の波長の光を紫外線とよびます。通常、波長 300 nm 以下の紫外線は地球のまわりの大気によって散乱されたり吸収されたりして地表に到達しません。その吸収の主な原因は酸素分子とオゾン分子です。また、弱いですがオゾンには 500〜700 nm の可視光線（緑色、黄色、橙色）を吸収する働きもあります。高さ 25 km 付近にオゾン濃度のピークがあり、10〜50 km の成層圏にその約 90% の量が存在します。成層圏にあるオゾンの層をオゾン層とよんでいます。

　オゾン層破壊が進むと、これまでオゾンで吸収されて地表に到達しなかった波長 300 nm 以下の紫外線が、地表まで到達できるようになります。また、500〜700 nm の可視光線もより多く到達します。オゾン層破壊

によって太陽光で地表がどれだけ暖められるかは、現在あるいは今後どの程度までオゾン層破壊が進むのかということと、そのオゾン層破壊の程度で地上に届くこれらの太陽光がどの程度増えるか、を考えればよいと思います。

▶▶ オゾン層破壊による地上での太陽エネルギーの増加は 0.01% 程度

　オゾン層破壊によって、10〜50 km に存在するオゾン層のうち、仮に高さ 25 km 以下のオゾン層がまったく消失してオゾン量が現在の約半分になったとしましょう。その場合でも、残り上半分のオゾンによってかなりの紫外線が吸収されるので、地表に到達する紫外線は、295〜300 nm 付近と、190〜230 nm 付近とで増加するだけとなります。増加するエネルギー量は太陽からやってくるエネルギー全体に対して 0.2% 程度です。また、今後予想されるオゾン層破壊は地球全体の平均で最大 5% 程度ということを考慮すると（WMO オゾンアセスメントレポート 2006、2010）[注1]、オゾン層破壊によって増加する太陽エネルギーは、およその見積もりで、全太陽エネルギーに対して 0.02% 程度以下となり、放射強制力（地表面の加熱／冷却をもたらすエネルギーの大きさ：[注2]）の値としては 0.27 W/m^2（ワット毎平方メートル）以下となります。地表に到達する 500〜700 nm の太陽光エネルギーも増えますが、その増加は同程度かそれより小さいと考えられます。これらのことを考慮した概算値の値は 0.135 W/m^2 となります[注3]。さらに実際には、オゾン層破壊の大きい場所は太陽高度の低い高緯度地方に限られ、また 1 年のうちでも春季に限られるというような事情もあり、数値モデルを使ったより詳しい計算によると、その放射強制力は地球全体の年平均で約 0.11 W/m^2 という値になります（図 13-1、[注3]）。

▶▶ オゾンによる温室効果も減少するが、ごくわずか

　ところで、オゾン層には太陽紫外線を防ぐ働きの他にもう一つ、地表に向かって赤外線を放射する温室効果ガスとしての働きもあります[注4]。赤

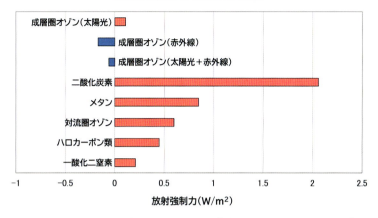

図 13-1　工業化以前から現在までにその量が人為変化した温室効果ガスによる放射強制力

IPCC 第 6 次評価報告書第 1 作業部会報告書 技術要約 図 TS.15 を基に作成。

外線は 800 nm 以上の波長の長い、目に見えない光で熱線ともよばれます。太陽光にも赤外線の一部は含まれますが、地表や、大気中の二酸化炭素（CO_2）、水蒸気、メタン、オゾンなどからも放射される赤外線によって生じます。したがって赤外線の影響に限っていえば、オゾン層破壊が起こってオゾン量が少なくなればその温室効果の影響は小さくなり、地表の気温を下げるように働きます。また、オゾン層破壊によって成層圏の気温が低下し、放射される赤外線が弱まって地表の気温を下げる効果もあります。この計算方法は複雑なので省略しますが、詳しい計算によるとその放射強制力は $-0.17 W/m^2$ となります（図 13-1）。前に述べたように、地表に到達する太陽放射増加による放射強制力 $+0.11\ W/m^2$ を足し合わせた正味の放射強制力は $-0.06\ W/m^2$ となり、結果としてオゾン層破壊による放射強制力は CO_2 の放射強制力 $+2.06\ W/m^2$ （世界平均気温の変化に換算すると0.95℃）に比べてかなり小さく、地表気温に対してほとんど影響がないか、わずかに気温を下げる働きをします。

最近、高度 10 km 以上の成層圏オゾンよりも地表付近の大気汚染などで増加する対流圏オゾンの温室効果が問題となっています。対流圏オゾンの増加による温室効果は成層圏オゾンに比べるとかなり大きいのですが、それでも CO_2 の温室効果に比べれば小さいと考えられています（図 13-1）。

▶▶ 温暖化はオゾン層破壊に影響を及ぼすか？

　これまで、オゾン層破壊が温暖化に及ぼす影響はエネルギー的に小さいということを述べました。ここで、CO_2 などの温室効果ガスの増加による温暖化がオゾン層破壊に影響を及ぼすかどうかについて少し付け加えておきます。「温暖化→オゾン層変化」の影響は、少なからずあると言わざるを得ません。それは、オゾンの生成と破壊に関わる化学反応の速さが成層圏の気温の影響を敏感に受けるからです。温室効果ガスが大気中に増えると、地表と対流圏では気温が上昇して温暖化しますが、成層圏大気では宇宙空間に逃げていく赤外放射が増加しますので、逆に冷却されて、南極や北極で極成層圏雲(注5)ができやすくなります。過去に大量のフロンガスが放出された結果、現在のような成層圏大気の塩素濃度の高い状況では、この極成層圏雲の増加によって塩素によるオゾン層破壊が加速されると考えられます。一方、数十年後には、オゾン層破壊物質であるフロン・ハロンの規制が進むと考えられます。そのような場合、温室効果ガスの量は増えるが成層圏大気における塩素・臭素濃度は下がり、塩素・臭素以外の他の化学成分との反応によってオゾン濃度が決まります。この化学反応は温度が下がるとオゾンを増やすように働きますので、成層圏大気の冷却によってオゾン濃度は増加すると考えられます。さらに、地球全体のオゾン分布と量は地球規模の大気循環の影響を受けて変化するものなので、温暖化によってこの循環の強さが変わり、それに伴ってオゾン量が変化することも考えられます。たとえば最近の数値モデルによる計算では、温暖化によってこの循環が強まり、その影響によって循環の下降域にあたる北半球の中・高緯度域ではオゾン量が増加し、循環の上昇域にあたる熱帯ではオゾ

ン量は減少する、という予想結果が得られています。

地球温暖化の要因はCO_2であり、オゾン層破壊の要因はフロンガスです。現在までのところ、この二つの問題の直接的な要因は異なるといってよいでしょう。しかしながらフロンガスはオゾン層を破壊すると同時に温室効果ガスでもあるように、この二つの問題はまったく無関係ではありません（図 13-2）。図に挙げた大気微量成分の今後の濃度の変化のしかたによっては、その関係の強弱が現在と異なってくることも考えられます。たとえば、フロン・ハロン規制によって、大気中の塩素・臭素濃度は下がることが予想されている一方で、肥料の使用量の増大や化学物質の製造過程によって、今後、一酸化二窒素（N_2O、亜酸化窒素ともいう）の大気中への放出が増加し、21 世紀中にはオゾン層へ多大な影響を及ぼすようになる可能性が指摘されています(参考文献[1][2])。

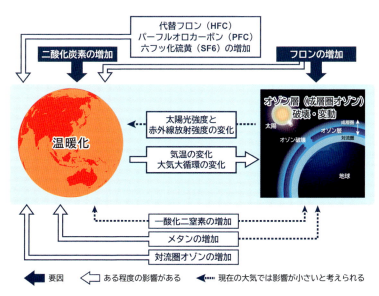

図 13-2　温暖化とオゾン層破壊との関係、およびその要因

(注1) 極域を除く北緯60度から南緯60度では、オゾン全量は1996〜2020年の期間で10年あたり＋0.3％の増加が見られました（回復傾向）。一方、極域ではまだはっきりとしたオゾン層回復の兆しは見られません。[参考文献[3]]

(注2) 放射強制力とは CO_2 などの温室効果ガスの濃度や太陽放射強度などの変化による対流圏界面における放射強度の変化のことです。放射強制力が正の場合には地表を加熱し、負の場合には冷却します。

(注3) 先に示したおおよその見積もりの 0.27 W/m^2 という値は、太陽が真上から照りつけた場合の数字です。実際には、1日のうちで朝夕は太陽高度が低かったり、1日の約半分は夜だったり、高緯度地方では真昼でも太陽高度が低かったりしますので、地球全体の1日平均を考えると、結局、地球の表面積の1／4の面積に太陽が真上から照りつけた時に受け取るエネルギーに等しくなります。したがって 0.27 を4で割って 0.0675 W/m^2、さらに、500〜700 nm の太陽光エネルギーの増加も同程度あることを考慮してこれを2倍すると 0.135 W/m^2 となり、数値モデルを使った詳しい計算値 0.11 W/m^2 より少しだけ大きい値が得られます。ちなみに10月に南極上空でオゾンホールが発生した時は、そのオゾン量は50％減くらいになりますが、その期間はせいぜい1ヶ月と短く、この時期は太陽高度が極端に低いため、南極に到達する太陽エネルギーは地球全体が1年に受け取る太陽エネルギーに比べれば非常に小さく、その影響は小さいといえるでしょう。

(注4) 「**Q08 二酸化炭素の増加が温暖化をまねく証拠**」をご参照ください。

(注5) 極成層圏雲とは北極や南極の下部成層圏において、−78℃以下の極低温で生じる硫酸・硝酸・氷を成分とする雲のことです。

参考文献

[1] Ravishankara, A. R., Daniel, J. S., & Portmann, R.W (2009). Nitrous Oxide (N_2O): The Dominant Ozone-Depleting Substance Emitted in the 21st Century. Science, 326 (5949), 123-125. https://doi.org/10.1126/science.1176985

[2] WMO (World Meteorological Organization), Scientific Assessment of Ozone Depletion: 2018, Global Ozone Research and Monitoring Project — Report No. 58, 588 pp., Geneva, Switzerland, 2018.

[3] World Meteorological Organization (WMO). Scientific Assessment of Ozone Depletion: 2022, GAW Report No. 278, 509 pp.; WMO: Geneva, 2022.

回答者：**秋吉 英治**（あきよし・ひではる）

国立環境研究所地球システム領域気候モデリング・解析研究室シニア研究員。九州大学大学院理学研究科博士課程修了。博士（理学）。国立環境研究所地球システム領域気候モデリング・解析研究室長などを経て現職。専門は大気物理学。

回答者：**山下 陽介**（やました・ようすけ）

国立環境研究所地球システム領域地球環境研究センター地球環境データ統合解析推進室主任研究員。東京大学大学院理学系研究科地球惑星科学専攻博士課程修了。博士（理学）。国立環境研究所地球環境研究センター特別研究員などを経て現職。専門は気象学、大気化学、計算科学。

Q14 寒冷期と温暖期の繰り返し

 寒冷期と温暖期は定期的に繰り返しており、最近の温暖化傾向も自然のサイクルと見る方が科学的ではないのですか。また、もうすぐ次の寒冷期が来るのではありませんか。

A 　　　　　　　　　　　　　　　横畠 徳太　　阿部 学

過去に氷期と間氷期が周期的に繰り返されてきました。この気候変動は、地球が受け取る太陽エネルギー量（日射量）の変動がきっかけとなって生じると考えられています。しかし、20世紀後半からの温暖化は、日射量変動のみでは説明できず、大気中の温室効果ガス濃度の人為的な増加が主因であると考えられています。また、2万～10万年スケールの日射量変動は理論的に計算できることから、これをもとにした将来の氷期に関する予測研究があります。このような予測によると、これまでに排出された温室効果ガスの影響により、現在の間氷期は今後5万年以上続き、今後の温室効果ガス排出量によってさらに氷期の到来が遅れると予測されています。

🔍 もっと詳しく！

▶▶ 日射量の変動は気候を変える重要な因子である

　地球の歴史をみると、氷期と間氷期が約10万年の周期で起こっていたことが知られています。この気候変動には、複数の原因が指摘されていますが、基本的には北半球夏季の日射量変動がきっかけとなり、大気中の温室効果ガス濃度が変わることにより、周期的な変動が生じると考えられています[注1]。また、過去2000年間に着目すると、比較的小規模な気候変動が生じていますが、これに対しても日射量変動が影響していたと考えられています。以下では、時間スケールが異なる、これら二つの気候変動について説明します。

▶▶ 2万～10万年スケールの日射量変動による気候変動

図 14-1 は、過去 80 万年間の南極の気温変動を示しています。このデータは、南極氷床の過去につくられた氷（氷床コア）を分析し復元（推定）したものです[注2]。気温が顕著に高い間氷期の間隔は約 10 万年であり、長期スケールの氷期と間氷期の繰り返しが明瞭にみられます。この気候変動の原因は、地球の自転軸の傾きや地球が太陽の周りを回る軌道が周期をもって変動することによって生ずる 2 万～10 万年スケールの北半球夏季の日射量変動と密接に関係すると考えられています（この周期変動をミランコヴィッチサイクルといいます）。詳細な変動機構の説明は割愛しますが、この日射量変動がきっかけとなり気温が変化し、気温変化→氷床や二酸化炭素（CO_2）濃度の変化→気温変化というように気温変化の増幅[注1]を繰り返しながら、気候が変動したと考えられています。また、氷期から間氷期に遷移するときの気温上昇速度は、20 世紀後半から起きている気温上昇速度とは異なります。たとえば、今から約 2 万 1000 年前の最終氷期から次の間氷期に遷移する約 1 万年間での 4～7℃の全球気温上昇に比べて、20 世紀後半から起こっている気温上昇速度は約 10 倍も速いのです。以上のことからわかるように、現代の温暖化傾向は、ミランコヴィッチサイクルに起因する自然起源の気候変動だけでは説明することができません。

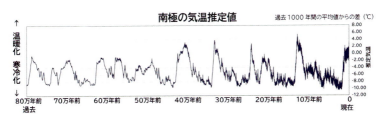

図 14-1　過去 80 万年間における南極の気温の推定値の時系列
現在から遡って過去 1000 年間の平均値からの差，℃。約 10 万年スケールでの気温の変動がみられ、氷期と間氷期が繰り返す気候変動が起こっていたことがわかる。**参考文献 [1]** のデータを基に作成。

Q14　寒冷期と温暖期の繰り返し

▶▶ 今から過去 2000 年間の自然の気候変動

今から過去 2000 年間の気温の推移（図 14-2）をみると、「小氷期」とよばれる、北半球気温の変動幅が 1℃ 未満の気候変動がありました[注3]。これらには数百年スケールの太陽活動の強弱による日射量変動が影響していたとされています。つまり、15〜19 世紀頃には太陽活動が低下したために小氷期がもたらされたと考えられています[注4]。しかし、20 世紀後半には太陽活動の活発化はみられないことから、現代の地球温暖化を、太陽活動の変化のみによって説明することはできないのです[注5]。

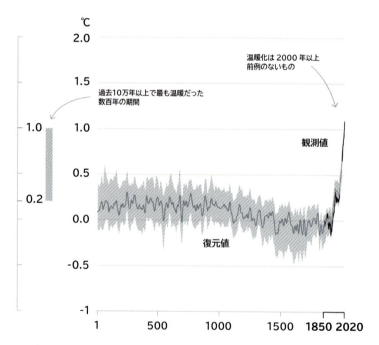

図 14-2　古気候の記録から復元された世界平均気温の変化

古気候の記録から復元された世界平均気温の変化（灰色、西暦 1-2000 年）および直接観測による世界平均気温の変化（黒色、西暦 1850-2020）。1850-1900 年を基準として気温変化を示す。小氷期（約 1400 年から約 1900 年）とよばれるような気候変動があったことがわかる。また、約 1970 年頃（20 世紀後半）から気温が短期間で急激に上昇した最近の温暖化が見られる。IPCC 第 6 次評価報告書政策決定者向け要約、図 SPM1(a) を改変。

▶▶ 20世紀後半の地球温暖化の主因は温室効果ガスの増加である

図14-2 をみると、20世紀半ば以降、短期間で急激な気温上昇が起こっていることがわかります。しかし、前述のように、ミランコヴィッチサイクルや数百年スケールの太陽活動の強弱に伴う日射量変動では、20世紀後半からの気温上昇を説明できません。20世紀後半から起こっている地球温暖化の主要因は、人間が排出する温室効果ガスだと考えられています。

このことを調べるために、気候モデル研究者らは、20世紀の気候変化に寄与すると考えられるさまざまな因子（温室効果ガス濃度の増加だけでなく、人為起源の硫酸エアロゾル排出の変化、オゾン層の変化、火山噴火、太陽活動変化なども含まれる）を考慮した気候モデル実験（20世紀再現実験）を行いました。この実験では、これら因子をすべて考慮した計算に加え、いくつかの因子を考慮しないなど仮想条件での計算も行い、それらの結果を観測データと比較することにより、20世紀後半の気温変化に対する各因子の寄与度を検討しています。このような検討の結果、人間が排出する温室効果ガスを考慮しなければ、20世紀後半の温暖化を説明できないことが示されました。気候モデルシミュレーションだけでなく、様々な証拠を組み合わせることにより、人間活動が気候に影響を与えたことを示す研究結果が蓄積されています。

このため、気候変動に関する政府間パネル（Intergovernmental Panel on Climate Change：IPCC）第6次評価報告書では「人間の影響が大気、海洋、及び陸域を温暖化させてきたことには疑う余地がない」と結論づけています。

▶▶ 次の氷期の到来は？

図14-1 に示されるような10万年程度の周期的な過去の気候変動は、数多くの研究者を惹きつけてきた非常に興味深い現象です。前述のように、ミランコビッチサイクルによる日射量の変動がきっかけとなり、大気中の温室効果ガス濃度が変化し、10万年程度の周期的な変動が生じると考えら

れています。つまり、北半球への日射量が小さく、かつ大気中の温室効果ガス濃度が比較的低い場合には、「氷期の始まり」が生じると推定されます。現在の地球は、比較的温暖な「間氷期」にあり、一つ前の間氷期は11万年以上前であることから、自然の周期的には「氷期の始まり」にいつ突入してもおかしくないと考えられます（実際、北半球への日射量が小さい時期を迎えています）。しかし、これまでの人間活動によって、現在の大気中の温室効果ガス濃度は非常に高いため「氷期の始まり」が自然の周期よりも遅れている、と考えられているのです。ある研究[参考文献2]によると、1. 仮にいますぐに人間がCO_2の排出を止めたとしても、大気中に残る温室効果ガスの影響で、今後5万年は「氷期の始まり」は起こらないと予測され、さらに、2. パリ協定の目標が実現する（今後の気温上昇を、産業革命前と比較して2℃に抑える）ようにCO_2排出削減を行ったとしても、「氷期の始まり」は10万年程度遅れる、と予測されています。現時点で、今後数10年〜100年の期間でわれわれが優先的に対応を考えるべきは、自然の気候変動ではなく、人為的な温暖化やその影響であるといえるでしょう。

(注1) 氷期－間氷期サイクルについては「**Q04** 氷床コアからわかること：二酸化炭素が先か、気温が先か」をご参照ください。

(注2) ここでは南極の気温の推定値のみを示しましたが、各地の気候変化を示す指標（プロキシーデータ）から、図に示したような気候変動が地球規模で起こったと考えられています。

(注3) IPCC第6次報告書では、開始のタイミングが明確に定義できないこと、地域によっても差があることから、「小氷期」という用語はあまり使われていません（IPCC第6次評価報告書第2章 Cross-Chapter Box 2.1）。

(注4) なお、太陽活動の低下とは別の寒冷化メカニズムとして、火山噴火の活発化も考えられます。

(注5) 「**Q12** 太陽の黒点数の変化が温暖化の原因？」をご参照ください。

参考文献

[1] Jouzel, J., et al. (2007). Orbital and Millennial Antarctic Climate Variability over the Past 800,000 Years. Science, 317 (5839), 793-796. https://doi.org/10.1126/science.1141038

[2] JGanopolski, A., Winkelmann, R., & Schellnhuber, H. J. (2016). Critical insolation—CO_2 relation for diagnosing past and future glacial inception. nature, 529, 200—203. https://doi.org/10.1038/nature16494

回答者：**横畠 徳太** （よこはた・とくた）

国立環境研究所地球システム領域地球システムリスク解析研究室主幹研究員。北海道大学大学院理学研究科博士課程修了。博士（理学）。海洋研究開発機構地球環境変動領域温暖化予測研究プログラム研究員などを経て現職。専門は気候学（地球 − 人間システムモデルによる将来予測）。

回答者：**阿部 学** （あべ・まなぶ）

海洋研究開発機構地球環境部門環境変動予測研究センター地球システムモデル開発応用グループ副主任研究員（テクノロジー）。筑波大学大学院地球科学研究所研究科博士課程修了。博士（理学）。名古屋大学環境学研究科 COE 研究員などを経て現職。専門は気候学・気象学。

Q15

温暖化は暴走する？

 温暖化はあるところまで進むと決して止められなくなると聞きました。本当ですか。

A

江守 正多

温暖化の「暴走」はそう簡単には起こりません。なぜなら、地球には、温度が上がるほどたくさんの赤外線を宇宙に放出して、温度を安定に保とうとするメカニズムが備わっているからです。ただし、現在の科学でまだよくわかっていないメカニズムが温暖化を加速することもあり得るので、温暖化が暴走する可能性がゼロとはいいきれません。

もっと詳しく！

▶▶ 「正のフィードバック」があると「暴走」が起こる？

　質問の「決して止められなくなる」を、どんなに対策をしても際限なく温度が上がり続けること、いわゆる「暴走」すること、ととらえてお答えします。

　一般に、何かの原因によって、ある変化が起こったときに、その変化をさらに強めるような作用が働くことを「正のフィードバック」といいます(注1)。たとえば、子どもに家庭教師をつけて勉強させたら（原因）成績が上がったとします（変化）。すると、勉強がおもしろくなって自分で勉強するようになり、さらに成績が上がるかもしれません（フィードバック）。この例のように、正のフィードバックのみが働く場合、「さらに成績が上がる → さらに勉強する → さらに成績が上がる → さらに…」というように、変化は際限なく強められていき、もはや原因（家庭教師）を取り除いても、変化はどこまでも続きます。

　実は、地球の温度が決まるメカニズムの中にも、正のフィードバックが

いくつもあります。地球の温度が上がると、大気に含まれる水蒸気の量が増えます。水蒸気は温室効果ガスなので、さらに地球の温度が上がります。これは「水蒸気フィードバック」とよばれます。また、地球の温度が上がると、地表面の雪や氷が融けます。雪や氷は鏡のように太陽光をよく反射しますので、これが減ってしまうと地球がよりたくさん太陽光を吸収することになり、さらに地球の温度が上がります。これは「雪氷アルベド[注2]フィードバック」とよばれます。では、このような正のフィードバックによって、地球の温度は際限なく上がり続け、「暴走」してしまうのでしょうか。

▶▶ 地球には「負のフィードバック」が備わっている

「正のフィードバック」の反対に、変化を弱める作用である「負のフィードバック」があります。たとえば、家庭教師をつけて勉強させたら（原因）成績が上がったのですが（変化）、成績が上がったことに油断して、家庭教師が来ない日は今までより勉強しなくなるかもしれません。そうなると成績は思ったほど上がりません（フィードバック）。このような負のフィードバックのみが働く場合、変化は弱められて、やがて頭打ちになります。

地球の温度が決まるメカニズムの中には、本質的な負のフィードバックがあります。それは、地球の温度が上がるほど、たくさんの赤外線を宇宙に放出して冷えようとすることです[注3]。これは、世の中のすべての物体に共通する、物理学の基本的な法則です。この負のフィードバックがあるおかげで、物体の温度は安定に保たれます[注4]。

▶▶ 負のフィードバックが勝てば暴走しない

では、正のフィードバックと負のフィードバックが両方存在すると、どうなるのでしょうか。正のフィードバックが負のフィードバックよりも大きければ、暴走が起こります（図15-1a）。逆に、正のフィードバックが負

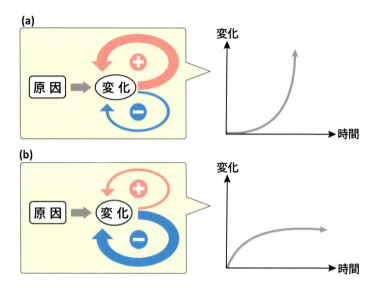

図 15-1　正・負のフィードバックと温暖化
正・負のフィードバックと変化の時間発展の関係
(a) 正のフィードバックが勝つ場合。(b) 負のフィードバックが勝つ場合。

のフィードバックよりも小さければ、暴走は起こらず、変化は頭打ちになります（**図 15-1b**）(注5)。

　地球の温度に関して言えば、「温度が上がるほど赤外線を放出する」負のフィードバックが非常に大きく、現在わかっているさまざまな正のフィードバックの効果を足していっても、差し引きで負のフィードバックが十分に勝つことがわかっています。したがって、正のフィードバックが多少あっても、温暖化は暴走しないのです。

　水蒸気フィードバックや雪氷アルベドフィードバックは現在起こりつつある温暖化の中で既に働いていると考えられます。温暖化の将来予測を行うコンピュータシミュレーション（気候モデル）でも、これらのフィードバックは当然計算に入っていますが、温暖化が暴走するという予測結果は出てきていません。

▶▶ 「暴走」する可能性がゼロとはいいきれない？

　では、温暖化は暴走しないといいきってよいでしょうか。現在の科学で地球のすべてがわかっているわけではないので、多少慎重に検討してみましょう。

　まず、「雲のフィードバック」[注6] が正か負か、あるいはどれくらいの大きさかは、難しい問題であり、まだ解決されていません。また、温暖化に伴い陸上の生態系が二酸化炭素（CO_2）を吸収しにくくなる「気候−炭素循環フィードバック」は正のフィードバックと思われますが、その大きさはまだよくわかっていません。しかし、これらのフィードバックはすでに働いているはずで、気候モデルによる研究もなされています。その結果を見る限り、温暖化を暴走させるほど大きな正であることはなさそうです。

　より心配なのは、温暖化がある程度まで進むと、今まで働いていなかったフィードバックのスイッチがオンになるような事態です。そのようなことがあり得ないとはいいきれません。たとえば、温暖化に伴いシベリアなどの凍土が融けて、温室効果ガスであるメタンが放出されることが心配されています。

▶▶ "Point of no return"、"Tipping point" は必ずしも温暖化の暴走を意味しない

　最後に、暴走の問題と関係の深そうな言葉を二つ説明しておきましょう。

　"point of no return"（ポイント・オブ・ノー・リターン：引き返せない点）という言葉があり、「その点を超えると暴走が始まる」と受け取られていることもあるようですが、以下のような解釈がより適切でしょう。仮に、産業革命前から2℃以上の温暖化が起こると、その影響は社会にとって受け入れられないほど大きくなるとします[注7]。そこで、温暖化を2℃以下に抑えるために対策をとるわけですが、対策が遅れてたとえば1.5℃を超えてしまったら、地球の熱慣性によって温暖化はすぐには止まれないため、そこから急いで対策をとっても2℃を超えることが避けられないという場合、

1.5℃の点を"point of no return"とよぶことができるでしょう。

　また、"tipping point"（ティッピング・ポイント：臨界点）という言葉があり、これも「暴走が始まる点」と受け取られていることがあるようです。これは、温暖化全体の暴走ではなく、南極やグリーンランド氷床の減少や、アマゾン熱帯雨林の減少など、気候システムの一部の変化に歯止めがかからなくなること、と受け取るのがより適切でしょう。

　これらの説明からもわかるとおり、温暖化が暴走しなかったとしても、深刻な悪影響が出る手前で温暖化を止めなければならないことは言うまでもありません。

(注1) 制御工学などにおける定義と厳密には異なる可能性がありますが、本質的には同じです。

(注2) アルベドとは反射率のことです。

(注3) このことはシステムの中に備わっている性質であるためフィードバックとよばないこともありますが、ここではフィードバックとみなしたうえで話を進めます。話の本質はどちらでも変わりません。

(注4) このメカニズムについては、「Q08 二酸化炭素の増加が温暖化をまねく証拠」をご参照ください。

(注5) 現在の温暖化では、原因（大気中温室効果ガス濃度）が大きくなり続けているので、このまま放っておいても頭打ちにはなりません。原因が大きくなるのを止めることができれば、変化は頭打ちになります。

(注6) 雲は地球を暖める効果も冷やす効果ももっており、また、温暖化に伴って雲がどこで増えてどこで減るかも自明ではありません。

(注7) 実際には、「社会にとって受け入れられない影響」が何℃の温暖化で生じるかは難しい問題です。ココが知りたい地球温暖化〈温暖化の影響〉（https://www.cger.nies.go.jp/ja/library/qa/influence.html）「Q9 気温上昇抑制の目標」をご参照ください。

回答者：**江守 正多**（えもり・せいた）

東京大学未来ビジョン研究センター教授。東京大学大学院総合文化研究科博士課程修了。博士（学術）。国立環境研究所気候変動リスク評価研究室長、地球システム領域副領域長などを経て現職。専門は気候科学。

Q15 温暖化は暴走する？

地球温暖化 コトバの豆知識

●ティッピング・ポイント／エレメント

英語では、ティッピング・ポイント（tipping point）は「転換点」「転機」という意味があります。欧米では、ファッションやビジネスの分野において、ある時点から急激にトレンドや流行が生まれるといういい意味でも「ティッピング・ポイント」が使われることがあります。

Tipは動詞で「倒れる・ひっくり返る」という意味があり、小さな変化がきっかけとなって、ものごとがひっくり返るような巨大な変化を引き起こす点（時間的な点、時期）が、「ティッピング・ポイント」のイメージです。

人間による温室効果ガスの排出に応じて、地表温度は緩やかに上昇します。これに対して、地球環境を構成する特定の要素は、地表気温上昇がある閾（しきい）値を超えると、それまでの変化よりも急激な変化を引き起こす可能性があります。このような閾値が「ティッピング・ポイント」、急激な変化が生じ得る地球環境の構成要素が「ティッピング・エレメント」です。ティッピング・ポイントに到達し得る地球環境の事象として、南極大陸やグリーンランド氷床の大規模な崩落・融解、海洋の大規模循環の停止、アマゾン熱帯雨林の大規模な減少などが考えられています。これらの事象の前兆が現れていないかどうかを注意深く観察するとともに、ティッピング・ポイントとなる地球平均の気温上昇が何℃なのかを推定していくことが重要です。

Q16 コンピュータを使った100年後の地球温暖化予測

 コンピュータを使った天気予報で1週間先の天気もあたらないのに、50年後、100年後のことがわかるはずがないのではありませんか。

A

江守 正多

「気候」とは、日々の天気を平均した状態のことで、気候の変化は地球のエネルギーバランスなどの外部条件の影響によって大部分が決まります。したがって、100年後の天気をあてることは不可能ですが、100年後の気候はある程度予測可能です。

🔍 もっと詳しく！

▶▶ 「気象」と「気候」はちがう

　コンピュータによる日々の天気予報と地球温暖化の予測計算は、計算自体にはよく似た方法を用いますが、結果の見方がまったく異なります。そのため、1週間先の天気予報があたるかどうかと、50年後、100年後の温暖化のことがわかるかどうかはまったく別の問題です。簡単に言えば、天気予報の場合には特定の日の「気象」状態（何月何日にどこに雨が降って気温は何℃か）が問題であるのに対して、温暖化予測の場合にはそれは問題ではなく、将来の平均的な「気候」状態（ある地域の気温・降水量の平均値や変動の標準偏差などの統計量）のみが問題になります。そして、コンピュータを使って100年後の特定の日の天気をあてることは不可能ですが、100年後の気候を議論することは可能なのです。

▶▶ 天気予報と温暖化予測はちがう

　ここで、コンピュータによる天気予報と温暖化予測の方法について少し

詳しく説明しておきましょう。数日の天気予報の場合は大気のみの、温暖化予測の場合は大気と海洋を組み合わせた、シミュレーションモデルを用います。これらのモデルでは、大気や海洋の運動やエネルギーの流れなどを表現する物理法則の方程式をコンピュータで計算して、大気や海洋の状態の変化を、時間を追って求めていきます。このとき、天気予報の場合には、観測データをもとに今日の現実の大気の状態をできるだけ正確に推定したものを初期条件に用いるのが重要なポイントです。一方、温暖化予測の場合には、初期条件は非現実的でさえなければどんなものでもよく、むしろ重要なのは、将来予想される大気中二酸化炭素（CO_2）濃度などの変化です。これを時間とともに変化する外部条件（シナリオ）として与えながら計算を行います。

▶▶ 気象は「カオス」だが、気候は？

では、1週間先の天気予報はなぜあたらないのでしょうか。モデルや初期条件が完全でないこともその理由ですが、より本質的な理由は、気象が「カオス」の性質をもつことです。ここでいうカオスとは、単に「混沌」という意味ではなく、数学的に、方程式の初期条件に少しでも誤差があると、それが時間とともにどんどん増幅してしまう性質のことです。これを例えて、「北京で蝶が羽ばたくとニューヨークの天気が変わる」のようにいうのをあなたも聞いたことがあるかもしれません。

しかし、ある期間の気象の平均状態である「気候」は、地球のエネルギーのバランスなどの外部条件の影響により大部分が決まり、カオスである日々の気象はその平均状態のまわりを「揺らいで」いるだけと見ることができます。すなわち、100年後の気候（たとえば2091～2120年の平均状態）と最近の気候（たとえば1991～2020年の平均状態）とを比べると、その変化はCO_2の増加などにより地球のエネルギーのバランスが変わるという外部条件の影響で大部分が決まることが期待されるため、これを予測することには意味があるのです。なお、100年後の温暖化予測が実際にどの程度正

097

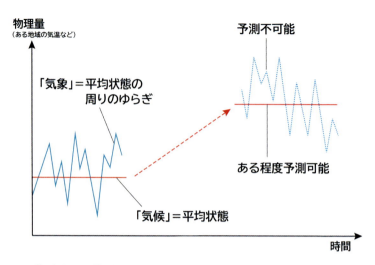

図 16-1 「気象」と「気候」の予測の違い

しいと考えられるかは、モデルの性能やシナリオの確かさによります。

　最後に、もしもあなたが数学的なカオス理論について詳しければ、以上の説明は次のように言い換えたほうがすっきりとおわかりいただけるでしょう。「ある日の気象状態を位相空間の状態ベクトルで表したとき、天気予報は状態ベクトルの変化を問題にするが、温暖化予測はアトラクタの変化を問題にする。」

回答者：**江守 正多**（えもり・せいた）

東京大学未来ビジョン研究センター教授。東京大学大学院総合文化研究科博士課程修了。博士（学術）。国立環境研究所気候変動リスク評価研究室長、地球システム領域副領域長などを経て現職。専門は気候科学。

Q17 気候のシミュレーションモデルはどんな結果でも出せる？

温暖化の予測に使われるシミュレーションモデルは、作り方次第でいくらでも過去のデータに合うようにできるし、どんな予測結果でも出せるのではないのですか。

A

小倉 知夫

温暖化の予測に使われる気候のシミュレーションモデルは、基本的に物理法則に基づいて作られています。シミュレーションの結果がモデルの作り方次第で変わり得るのは事実ですが、その影響は限定的であり、どんな結果でも自在に出せるほど自由度は大きいものではありません。

🔍 もっと詳しく！

▶▶ モデルには不確実性がある

　温暖化の予測に使われる気候のシミュレーションモデルは、大気、海洋、陸面の状態（たとえば風速、海水温、土壌水分など）の時間的な変化を計算する方程式をコンピュータプログラムで書き表したものです。これらの方程式は「運動量の保存則」や「エネルギーの保存則」のように、正しいと認知されてきた基本的な物理法則に基づいていますが、方程式に含まれる項の中にはそれだけでは表現しきれない部分も含まれます。少し詳しく説明します。

　まず、方程式を計算機で扱えるようにプログラムで表現するには、大気、海洋、陸面を空間的に分割して小さな箱の集合体として扱う必要があります。通常、温暖化シミュレーションを行う場合、水平方向でおよそ100 km四方、高さ方向には10 m〜1 kmくらいの薄い箱を想像するとよいでしょう（図17-1）。それぞれの箱の中の平均的な温度や風速などの値を物理法則から計算します。そして、箱の中の平均気温や風速は、箱の中に含

099

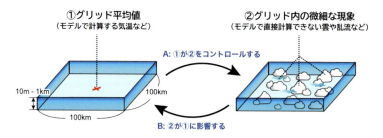

図 17-1　パラメータ化の概念図
①の現在値がわかっており①の将来値を計算したい場合、Bの効果を計算に入れなければならない。そこで①の現在値からAの効果を推定し、②を推定し、そこからさらにBの効果を推定する。

まれる小さな雲や乱流の影響を強く受けます。つまり、箱よりも小さな雲や乱流の影響を方程式に取り入れなければ、箱の平均的な気温や風速は正しく計算できないのです。しかし、スーパーコンピュータを使っても計算能力の限界があるため、箱の中の小さな現象についてまで細かく計算することはできません。そこで、箱の中の小さな現象が平均値に与える影響（未知の数）を平均値（既知の数）を用いて推定します。推定するための数式が観測データや理論的な考察に基づいて構築されており、これを私たちは「パラメータ化」とよんでいます。

　「パラメータ化にはどのような定式化が適切か」は気象学や海洋学の研究課題であり、理論や観測データに基づき活発に研究が進められ、研究論文として発表されてきました。こうして、適切であると認められた定式化が、シミュレーションモデルに採用されます。パラメータ化に問題があるとモデルの信頼性が揺らぐため、その妥当性についてはモデル開発者らが繰り返しチェックを行い、必要に応じて更新がなされます。気候のシミュレーションモデルは、自然に対する私たちの科学的な理解を数式や方程式として表現したものといえるでしょう。研究者が自分の望む結果を得るために恣意的に作り変えることは常識的に考えられませんし、研究の世界で

はそのようなことをしても、検証や比較という作業を通して、科学的に合理性がないということがいずれ明らかになります。

しかし、パラメータ化で構築した数式はエネルギー保存則のような物理法則とは違い、不確実性を含むことは事実です。たとえば、ある人がある観測データをもとに構築した数式は、別の人が別のデータをもとに構築した数式とは異なる、ということが起こり得ます。このように、パラメータ化は作った人間の自然に対する理解に応じて異なった方式が存在します。そして、「どの方式を選ぶかはモデル開発者の判断次第」という意味で不確実性が残るのです。こうした不確実性の範囲内でモデルを作り変えた場合、計算結果がある程度変わり得ますので、この点では質問者が心配するのはもっともですが、ご質問のように、作り方次第でいくらでも過去のデータに合うようにできるのかというと、そのようなことはありません。

▶▶ モデルはいくらでも過去のデータに合うわけではない

まず、モデルを作る際には満たすべき基準があります。具体的には、①物理法則に反してはいけない、②観測事実に反してはいけない、③地球全体で同じ式を使わなければいけない、ということです。③について補足すると、たとえば「モデルのある地域の雨量が観測値と一致しないため、その地域だけ他とは違う式で計算してよく合うようにする」といったことはしてはいけません。こうした基準は恐らく明文化されたルールではありませんが、研究者の間では常識として共有されていると思います。そして、これらの基準を満たすようにモデルを作ると、計算結果を自由にデータに合わせることはできなくなります。

実際、モデルで過去のデータ[注1]を再現できるようになるには長い年月がかかりました。気候のシミュレーションモデルの原形である大気海洋結合大循環モデルが開発されたのは1960年代の終わりです。しかし、当時のモデルは現実の気候をうまく再現できず、現実的な気候状態からスタートしても計算が進むうちに寒冷化したり温暖化したりして、まったく別の気

候状態が出現してしまうといった症状に悩まされました。その後、大気モデルと海洋モデルのそれぞれに改良を重ねた結果、気候を現実的に再現できるモデルが1990年代の終わりから現れました。さらに、20世紀中の全球平均気温の上昇カーブをモデルで大まかに再現できるようになったのは、2000年頃になってからです。もしもモデルに細工をして過去のデータに自由に合わせることができたならば、気温の再現ができるようになるのに数十年もかからなかったはずです。

　その一方で、20世紀の全球平均気温についてさらに詳しく述べると、観測データは1940年代に極大値を示しているにもかかわらず、それをモデルが再現できないことが問題点として指摘されてきました。ところが最近、観測データの方に問題が発見され、そこを補正すればモデルとの一致がよくなることがわかってきました。もしもモデルを自由自在に観測データに合わせられたならば、1940年代の極大値もモデルで再現できてしまったはずです。しかし実際はできませんでした。モデルの開発者はモデルに細工を加えて計算結果を観測データに無理に合わせているわけではない、ということがこうした経緯からもうかがえると思います。

▶▶ モデルはどんな予測結果でも出せるということはない

　将来予測の結果についても同様で、どんな結果でも出せるということはありません。ここでは全球平均気温に注目して見てみましょう。世界には各国の研究機関で開発したモデルが現在数十個あります。それぞれが独立に開発してパラメータ化に工夫を凝らすため、できあがったモデルは少しずつ違った特徴を示します。こうしたモデルを集めて将来の気温変化を計算させると、どのモデルもおおよそ同じ程度の温度上昇を示します（図17-2、青色）。

　一方、モデルはパラメータ化によって作った数式の中に、不確定な係数をいくつも含んでいます。その係数の値を変更することでそのモデルの「変種」を作ることができます。そこで、一つのモデルについて、このよう

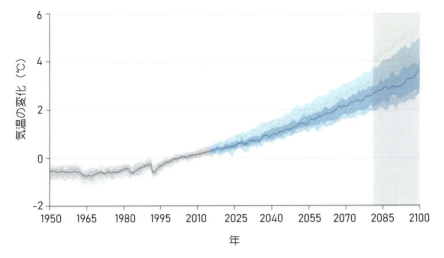

図 17-2　全球平均地表面気温の上昇幅のシミュレーション結果

1995-2014年の平均値をゼロとし、年平均値を表示する。黒色が過去の再現、青色が将来の予測。将来予測においては社会経済シナリオとして 'SSP3-7.0' を使用する。実線：世界各国で開発された30の気候モデルによる計算結果の中央値、点線：各モデルの結果、薄い影：10-90パーセンタイル幅、濃い影：25-75パーセンタイル幅。長期的な気候変化で注目される期間 (2081-2100年) を灰色で示す。(Climate Change 2021: The Physical Science Basis. Working Group I Contribution to the Sixth Assessment Report of the Intergovernmental Panel on Climate Change. Adapted figure from Interactive Atlas. Available from http://interactive-atlas.ipcc.ch/(CC BY 4.0). Cambridge University Press. により作成。)

な「変種」を多く作って大気中二酸化炭素 (CO_2) 濃度を共通の条件で増加させたら何が起こるか、確かめる研究が行われました。すると、**図17-2** と同様に、ある程度のばらつきはあるものの、どの「変種」についても同じ程度の温度上昇が見られることが報告されています[参考文献[1]]。

このように、モデルには不確実性があり、パラメータ化や係数の値の選び方によって予測結果が異なるのは事実です。しかし、その範囲は限定されています。**図17-2** の例でいうならば、2000-2100年の全球平均気温の変化はおよそプラス2〜5℃に限定されており、マイナスになることはありま

せんし、プラスの 10〜20℃ にもなりません。どのような予測でも自在に出せるわけではない、ということがこうした結果からわかると思います。

(注1) 気候モデルで再現する「過去のデータ」とは、特定の日、特定の場所の天気ではなく、長い期間の平均的な状態を指します（「**Q16** コンピュータを使った 100 年後の地球温暖化予測」をご参照ください）。

参考文献
[1] Collins, M., et al. (2006). Towards quantifying uncertainty in transient climate change, Climate Dynamics, 27, 127-147. https://doi.org/10.1007/s00382-006-0121-0.

回答者：**小倉 知夫**（おぐら・ともお）

国立環境研究所地球システム領域気候モデリング・解析研究室長。東京大学大学院理学系研究科博士課程修了。博士（理学）。東京大学気候システム研究センター CREST 研究員などを経て現職。専門は気象学。

地球温暖化 コトバの 豆知識

Q17 気候のシミュレーションモデルはどんな結果でも出せる？

● コンピュータモデル

　自然界で私たちが理解しようとするものは多くの場合、複雑です。複雑なものを理解するため、その姿や性質を簡略に模倣したものをまずこしらえて、その模倣したものについて理解を深める、ということが科学ではしばしば行われます。このように自然界の一部を簡略的に模倣したものを私たちはモデルとよびます。

　モデルは木製の飛行機のように実在する物体であったり、摩擦のない振り子のように仮想的な物体であったり、あるいは理解したいものの性質を記述した方程式であったりします。方程式の場合は数理モデルとよばれます。私たちはモデルを作る過程、およびできあがったモデルを操作する過程でモデルの性質を学び、そこで得られた知識から自然界の仕組みを類推します。

　数理モデルでは多くの場合、理解しようとする対象の時間的な変化を方程式で表現し、その方程式の解を求めることで対象の振る舞いを学びます。しかし、方程式の解を数学的に厳密に求めることが常に可能とは限りません。解けない方程式も多いのです。そのような時は方程式を近似的に解くコンピュータプログラムを作成して、方程式に含まれる変数がどのような値をもつのかを計算します。こうした操作をコンピュータシミュレーションとよび、そこで使用されるプログラムをコンピュータモデルとよびます。

　コンピュータモデルは、数理モデルの方程式を数学的に厳密に解けない場合であっても近似的に解けますので、強力な研究手段です。その反面、正解がわからない状況で近似的な答えだけを得ることになりますので、得られた答えがどれほど正確か慎重に検討する必要があります。また、コンピュータモデルが近似的に解こうとしている数理モデルの方程式系がどれほど現実を忠実に模倣できているかも重要な課題です。

　気候モデルの場合、観測データに見られる現在や過去の気候の特徴をシミュレーション結果がどれだけ忠実に再現できるか確かめることで、結果の信頼性を検討しています。好成績が得られればモデルの性能に自信を深められますし、そうでない時はモデルの限界を率直に認め、シミュレーション結果を解釈する時の参考としたり、モデルの改良を図ったりします。

Q 18

気候変化予測に幅があるのは？

IPCC第6次評価報告書では、21世紀末の気温上昇は1.0〜5.7℃と予測されています。これだけ幅があると、何も予測していないのと同じではないですか。逆に、複数のモデルが同じ結果を出したからといって、モデルが正しいともいえませんよね。

A

塩竈 秀夫

1.0〜5.7℃という幅は、「今後われわれ人類がどんな社会経済を築き、どのくらい二酸化炭素（CO_2）などを排出するかという想定（シナリオ）に幅があること」と「モデルの不確実性」の二つの要因によって生じます。シナリオの違いは、気温予測に大きな幅をもたらしています。一方、モデルの不確実性によって、同じシナリオでも予測はばらつきますが、予測の確率分布として有益な情報を引き出すことができます。この時、「複数のモデルが同じ結果を出したからその予測が正しい」と単純には判断せず、モデルの信頼性を考慮して不確実性の幅を求めています。これによって、それぞれのシナリオでの危険なレベルの気温上昇の発生確率を知ることができ、今後私たちがどんな社会経済を築いていくべきかの判断に役立てることができます。

🔍 もっと詳しく！

▶▶ 21世紀末までの気温上昇予測は1.0〜5.7℃の幅

　人間活動による二酸化炭素（CO_2）などの排出に伴い、気候がどのように変わっていくかを調べるために、気候モデルを用いた温暖化予測研究が世界中で活発に行われています。ここでいう気候モデルとは、大気や海の動きを計算する複雑なものから、全世界平均の気温などを予測する単純なものまで、いろいろな複雑さのモデルを含みます。これらのモデルに、将来

の CO_2 などの排出量に関する何らかの想定（シナリオ）を与えて、将来の気候変動は予測されます。気候モデルによる予測に加えて、さまざまな根拠をもとに気候変動に関する政府間パネル（Intergovernmental Panel on Climate Change：IPCC）の第6次評価報告書[注1]では、1850〜1900年平均と比較した21世紀末（2081〜2100年平均）の気温上昇を1.0〜5.7℃と予測しています。

▶▶ 予測の幅には二つの要因がある

　この予測の大きな幅はおもに次の二つの要因によって、もたらされています。

　(1) われわれ人類が今後どのような社会経済を築いていくかによって、シナリオが大きく異なる。

　(2) 気候変動に関係する物理プロセスの中で、現在の科学において理解が十分でない部分が存在するために不確実性が生じる。たとえば、気温が上昇した時に陸域生態系や海洋がどの程度 CO_2 を吸収または排出するか、雲がどのように変化するかなどに関して不確実な部分がある。

　たとえば、温室効果ガス排出量がもっとも多いシナリオでは3.3〜5.7℃[注2]（中央推定値は4.4℃）、温室効果ガス排出量がもっとも少ないシナリオでは1.0〜1.8℃（1.4℃）の気温上昇が予測されています。これらの異なるシナリオにおける気温変化予測の上限と下限が前述した1.0〜5.7℃になります。このようにシナリオによって予測がばらつきますが、「これはわれわれがどのような社会を築いていくかによって将来の気温上昇が変わる」という選択肢の幅とも捉えることができます。

　一方、特定のシナリオにおいても、気温上昇予測に幅があるのは、おもに (2) のモデルの不確実性によるものです[注3]。これは同じシナリオでも、炭素循環や雲の振る舞いなどに不確実な部分があるために、気候モデルによってその扱い方が異なり、予測する気温上昇がばらつくことを示します。では、ばらつきのあるモデル予測結果からは、何も情報が得られない

107

のでしょうか？　実は、ばらつきのある結果からも、気温上昇の確率分布という形で有用な情報を得ることができます。確率分布を求めるもっとも単純な方法は、多くのモデルが予測している値の確率は高いと考え、モデルのばらつきの上限下限を不確実性の幅と考えることでしょう。しかし、IPCC報告書では、より複雑な方法をとっています。たとえば過去の気候変動をよりよく再現できるモデルの予測を重視する工夫をしています[注4]。つまり、多くのモデルが予測している値が正しいと単純には考えず、たとえば過去に観測された気温上昇量をモデルの過去再現実験結果と比較するなどして予測の信頼性を担保しています。また、複雑なモデルによる予測は数十ほどしかありませんが、単純なモデルを用いて不確実なパラメータを動かした多数の実験を行うことで、気温上昇予測の不確実性幅を過小評価することがないようにしています。

▶▶ 気温上昇の確率分布が教えてくれること

　では、気温上昇予測の確率分布が得られた場合は、どのような有益な情報を引き出すことができるのでしょうか。例として、**図18-1**に (a)「温室効果ガスの排出量が最も多いシナリオ」と、(b)「温室効果ガスの排出量が最も少ないシナリオ」での気温上昇予測の確率分布を円グラフにしたものを示します。この円グラフがルーレットのように回っているところを想像してみてください。ルーレットが止まった枠が、本当の将来での気温変化です。しかし、モデルの不確実性のために、ルーレットがどの枠に止まるかは、現在のわれわれにはわかりません。それでも何もわからないわけではなくて、どの枠に止まりやすいかは、それぞれの枠の大きさを見ればわかります。**図18-1b**では1.5℃以下におさまる確率は50％以上ありますが、**図18-1a**では1.5℃以下になる可能性はない一方で5℃を超える確率もかなりあることがわかります。このように不確実性のある予測からも、それぞれのシナリオでの危険な気候変化の起きるリスクを見積もることができ、われわれがどのような社会経済を築いていき、どのような温暖化対策を取

108

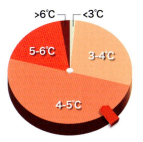 

(a) 温室効果ガスの排出量が最も多いシナリオ　　(b) 温室効果ガスの排出量が最も少ないシナリオ

図 18-1　気温上昇の確率分布を示す"ルーレット"

「温室効果ガスの排出量が最も多いシナリオ」(a) と「温室効果ガスの排出量が最も少ないシナリオ」(b) での 1850-1900 年平均に対する 2081-2100 年平均での気温上昇の確率分布を示す"ルーレット"。MIT Joint Program on the Science and Policy of Global Change (https://globalchange.mit.edu/) を参考にして作成。対数正規分布の 50% 値が前述の「中央推定値」、5% 値と 95% 値の幅が「不確実性の幅」に一致するように確率分布を求めた。

るべきかという判断材料に用いることができます。

- (注 1) IPCC 第 6 次評価報告書第 1 作業部会報告書 政策決定者向け要約 暫定訳（文部科学省及び気象庁）https://www.data.jma.go.jp/cpdinfo/ipcc/ar6/IPCC_AR6_WGI_SPM_JP.pdf
- (注 2) 気温上昇がこの範囲に収まる確率が 90% である不確実性幅。
- (注 3) 気候システムの自然の揺らぎによる不確実性もこの幅に含まれますが、おもな不確実性の要因は (2) のモデルの不確実性です。
- (注 4) 観測された過去の気候変動には、温室効果ガスの影響だけではなく、気候システムの自然の揺らぎや大気汚染物質、太陽・火山活動などによる影響も含まれるため、この点も留意してモデルと比較されています。また産業革命以降の気候変動との比較で、個々のモデルが温暖化を過大評価または過小評価するといった性質を調べて、予測を補正する手法も取られています。また古気候に関する研究など複数の証拠を組み合わせて、不確実性幅は見積もられています。

回答者：**塩竈 秀夫**（しおがま・ひでお）

国立環境研究所地球システム領域地球システムリスク解析研究室長。京都大学大学院理学研究科博士後期課程修了。博士（理学）。京都大学防災研究所研究員（21世紀COE）、国立環境研究所地球環境研究センター気候モデリング・解析研究室主任研究員などを経て現職。専門は気象学。

地球温暖化 コトバの豆知識

● **シナリオ**

　将来を正確に予測することは、不確実な要因が多く、不可能です。そうした状況でも、環境問題の解決に向けた対策の実施など、さまざまな意思決定を行う必要があります。

　シナリオは、主要な推進力（たとえば、技術革新の速度や価格など）や関係について整合性のある仮定に基づき、未来がどのように展開するかを示すものです。予測や予想ではなく、発展や行動の結果として生じる影響を理解するために用いられます。

　環境問題の分野では、叙述的なストーリーラインと定量的なモデル分析を併用したアプローチが現在の主流となっています。

　シナリオの作成には、なりゆき的に将来の道筋を探索するフォアキャストと、将来における目標を明確に定め、それを実現するような対策や社会のあり方を検討するバックキャストの2つの方法があります。これらは専門家が単に思いつきで書いているのではなく、叙述シナリオに加え、人口や技術進歩、価格、土地利用、生産・消費、さらに、分析の枠組みによっては気候変化量や気候影響量といった重要な変数などを定量化したシナリオについて、それらの間に論理的不整合がないかモデルを使って確認します。つまり、シナリオは、空想や想像で描かれた将来像ではなく、さまざまな検証に基づいて作られているのです。

Q19 暑い日が増えたのは ヒートアイランドが原因？

最近寒い日が減ったとか暑い日が増えたと騒いでいるのは、温暖化の影響というより都市のヒートアイランド現象によるものではありませんか。

A

永島 達也

過去100年、日本各地で寒い日は減り、暑い日は増える傾向が見られます。中には大都市などヒートアイランドの影響が気温上昇に大きな役割を果たしていると考えられる地点もありますが、日本における気温の上昇傾向を総合的に理解するには、都市のヒートアイランドだけではなく地球温暖化や自然変動などいくつかの要因が重なり合って引き起こされた気温上昇と考えるのが妥当です。

もっと詳しく！

▶▶ **夏はより暑くなり、冬は暖かくなっている**

　近年、日本の夏が暑くなってきているとよく言われます。実際それを象徴するように、日最高気温の国内記録である41.1℃は、2020年8月17日と2018年7月23日に浜松市と熊谷市でそれぞれ観測されていますし、これらを含む日最高気温の歴代ランキングの上位10位の大半（8つ）は2017年以降の7、8月に記録されています。更に、統計開始以降100年以上にわたる気象観測データから、夏季（6〜8月）の平均気温が近年だけではなく長期的にも明瞭に上昇していることがわかっています。一方、冬に関しても昔に比べて暖かくなったという声がよく聞かれますが、同じく長期の気象観測データからは、ほぼ全国的に冬季（12〜2月）の平均気温にも上昇傾向がみられています(注1)。平均気温が上昇すると、その分だけ極端に暑い日も増え、逆に極端に寒い日は減ると予想されます。実際に日本の各地

111

で、夏の熱帯夜（日最低気温が25℃以上の日）、真夏日（日最高気温が30℃以上の日）や猛暑日（日最高気温が35℃以上の日）の増加、冬日（日最低気温が0℃未満の日）の減少などが記録されており、これは、人々が気温の上昇傾向を実感する一つの要因になっているものと思われます。

▶▶ ヒートアイランド現象の影響が大きい季節・時間・場所

　こうした日本における気温上昇傾向を調べてみると、次のようにいくつかの点でヒートアイランド現象の影響と思われる特徴をもっていることがわかります。ヒートアイランド現象とは、都市の気温がその郊外に比べて高くなる現象のことで、郊外との気温差は夏季よりも冬季、昼間よりも夜間に大きくなることが知られています[注2]。観測された100年あたりの気温上昇量を日本のいくつかの都市に関してまとめた図19-1をみると、たしかにヒートアイランド現象の効果が強く出る冬平均気温（12～2月）や日最低気温（夜間[注3]）の気温上昇量は夏平均気温（6～8月）や日最高気温（昼間[注3]）に比べて大きいことがわかります。また、都市間の違いも大きく、たとえば冬平均気温の上昇量を見ると、都市化の影響が比較的小さいとみられる中小都市の平均では＋1.6℃であるのに対して、都市化率の高い地点では、その1.5～2.5倍程度の気温上昇となっています。全般的に、都市化の度合いが大きくなるほどヒートアイランドの影響が大きくなる傾向が見られ、特に東京など幾つかの大都市においてはヒートアイランドが気温上昇の主たる要因になっていると考えられそうです。こうした傾向は特に冬季や夜間の気温に関して顕著である一方、夏季や昼間の気温上昇に関しては都市間での違いが見られるものの、都市の規模との関係は冬季や夜間の気温上昇ほどはっきりとしてはいません。たとえば、多くの人が気温の上昇を実感する要因の一つと思われる猛暑日の増加は、東京、大阪、福岡などの大都市でも見られる一方、日田市（大分県）や熊谷市など都市の規模としてはあまり大きくない地点においても、これらの大都市に匹敵するような顕著な増加傾向が見られる場合もあります。

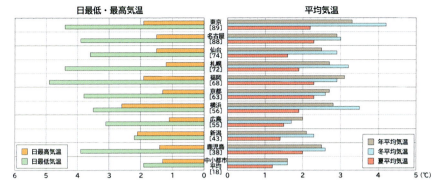

図 19-1　日本の都市における 100 年あたりの気温上昇量

日最低・最高気温の年平均（左）、年平均・冬（12〜2月）平均・夏（6〜8月）平均気温（右）の上昇量を示す。各都市名の下にある [ ] 内の数値はそれぞれの都市化率。比較のため中小規模都市の平均値も示す。気象庁ホームページ内、各種データ・資料中の「ヒートアイランド現象」（https://www.data.jma.go.jp/cpdinfo/himr）掲載のデータを基に作成。

　以上をまとめると、日本各地で観測されている気温上昇傾向に及ぼすヒートアイランドの影響はたしかにあるものの、それは冬季や夜間の気温に強く現れ、またそれが気温上昇のおもな要因とみなせる地点も大都市に限定される、といえるでしょう。そして、そうした限られた季節・時間・場所以外では、ヒートアイランドが気温上昇の主要因とはみなせず、ヒートアイランドとは別要因による気温上昇を考える必要がありそうです。

▶▶ **ヒートアイランド以外の気温上昇要因**

　では、ヒートアイランドとは別の気温上昇要因とは何でしょうか。気候変動に関する政府間パネル（Intergovernmental Panel on Climate Change：IPCC）第6次評価報告書によれば、20世紀の後半から現在にかけて、陸上のみならず海洋上の多くの領域で年平均地表気温に上昇傾向がみられ、また過去60年ほど、ユーラシア大陸中央部、東シベリア、アラスカ、カナダ北部などの必ずしも都市化の進んでいない領域を含む陸上の多くの領域で日最低気

温の年間最低値にはっきりとした上昇傾向が報告されています。これらはそれぞれ、ヒートアイランドとは別の全球的な気温上昇要因の存在を強く示唆しているといえます。全球規模の地球温暖化はこうした気温上昇要因の一つと考えられ、たとえばその根拠の一つとして、気候モデルに過去における温室効果ガスの増加などを与えた数値実験によって、観測される気温上昇傾向がその地域的分布を含めてよく再現できることが挙げられます。したがって、日本で観測された夏季・冬季平均気温、日最高・最低気温の上昇傾向にも、全球規模の地球温暖化による影響が含まれていると考えてよいでしょう。ただし、日最高気温の年間最高値など、極端な気温イベントについては、近年再現性の向上が見られているとはいえ、まだ気候モデル等での再現には難しい点も残されており、たとえば、観測されている猛暑日の増加などの要因分析はまだ難しい状況のようです。

　ヒートアイランドや地球温暖化以外に、数十年規模で繰り返される大気の自然変動なども気温上昇要因として考えられますし、気温上昇量の都市間の違いには地形的な要因も大きく影響を及ぼすでしょう。つまり、日本の各地で寒い日が減り、暑い日が増えた原因を単純に都市のヒートアイランドや地球温暖化など、一つの原因だけに押し込めてしまうのは間違いで、さまざまな都市や季節で観測されている気温の上昇傾向は、ここに挙げた各種要因が重なりあった結果であり、都市の状況によってそれぞれの寄与の割合は異なっていると考えるのが妥当といえます。

▶▶ 将来、暑い日や寒い日は増えるのか減るのか？

　夏の高温化は熱中症などの健康被害を引き起こし、また、大気汚染の悪化や集中豪雨の頻発との関連が指摘されています。一方、冬が温暖になれば生活はしやすくなるかもしれませんが、降雪量の不足による経済や水資源量への影響、花粉飛散量の増加など必ずしもメリットばかりではありません。こうした生活のいろいろな面に影響が及ぶため、暑い日や寒い日の増減には社会的な関心が高く、その今後の動向にも大きな注目が集まって

います。気候モデルを用いた将来の気候予測結果によると、世界中の多くの地域で極端に暑い日の頻度は増え、逆に極端に寒い日の頻度は減少すると予測されていますが、こうした予測に用いられる気候モデルでは都市のヒートアイランドの効果はまだ十分に考慮できておらず、地球温暖化が進展する中での都市環境の将来評価はまだ道半ばという状況です。

さて、ヒートアイランド現象と地球温暖化は直接的な原因は異なりますが、対策面では共通点があります。ヒートアイランド現象の原因の一つとして挙げられる都市における人工排熱は、人間のさまざまな経済活動から排出され、温室効果ガスの排出源とも密接に関係しています。そのため、地球温暖化への対策の多くは、都市のヒートアイランド対策にもなり得ますし、逆に屋上・壁面緑化などのヒートアイランド対策は、冷房使用の抑制などを通して温暖化対策としても機能し得ます。今後、都市化がさらに進むとすれば、都市生活者には全球的な温暖化に加えて、ヒートアイランドの影響が上乗せされた、より過酷な気温上昇が待ち受けているでしょう。そうした状況を緩和するためには、対策の共通性を生かして、効率良く気温上昇を抑制していくことがこれからますます重要になってくるものと考えられます。

(注 1) 春（3〜5 月）と秋（9〜11 月）の平均気温にも全国的に顕著な上昇傾向が見られます。

(注 2) 都市では、人工排熱、コンクリートやアスファルトが多用され植生が少ないことによる蒸発散の減少、建築物による蓄熱や赤外放射の抑制などによって昼間に熱が蓄えられやすく夜間も気温が冷えにくい一方で、郊外では夜間に放射冷却によって地表付近が強く冷やされるため、ヒートアイランド現象による気温の差は昼間より夜間により顕著に現れます。また、夏より冬の方が郊外の冷却が強くなるため、都市によるヒートアイランド現象は冬により顕著となります。

(注 3) 日最低気温は夜間に観測されることが多いため、日最低気温の変化傾向は夜間気温の変化傾向と考えることができます。同様に日最高気温の変化傾向は昼間気温の変化傾向と考えることができます。

回答者：**永島 達也**（ながしま・たつや）

国立環境研究所地球システム領域物質循環モデリング・解析研究室長。東京大学大学院理学系研究科地球惑星物理学専攻博士課程修了。博士（理学）。国立環境研究所地域環境保全領域大気モデリング研究室主席研究員などを経て現職。専門は大気環境学。

Q20

IPCC 報告書とは？

温暖化の科学については、IPCC という国連の機関の報告書がいつも引用されますが、一部の科学者の意見をまとめただけで、それが正しいとは限らないのではありませんか。

高橋 潔

A
包括性・客観性の高い最新の科学的知見の評価報告を作るために、気候変動に関する政府間パネル（Intergovernmental Panel on Climate Change：IPCC）の報告書の作成手順には各種の工夫が施されています。大規模かつ透明性の高いレビュー(注1)プロセスはその一例です。報告書は誤り・偏りを極力減らして内容を改善することを目的にして公表前に複数回のレビューを受けますが、そのレビューには世界中から数千名の研究者や政府関係者が参加します。また、温暖化の科学には、依然として理解が不十分な点や専門家の間で見解が一致していない点もありますが、報告書はそういった点の不確実性の大きさや見解の一致度についても伝えるように作られています。

🔍 もっと詳しく！

▶▶ **IPCC 報告書は最新の科学的知見に基づいて作成される**

　国民の大半は、IPCC 報告書の内容について、新聞・テレビなどのマスメディアやインターネット記事等を通じて知ることと思います。しかし報道資料では報告書の作成手順まで詳説されることはまれです。そのため「どこかに IPCC 本部があり、そこでは数十人の研究者が雇用され、日々報告書作成のための研究を実施している」といったイメージがもたれる場合もあるようです。

　事実はそうではなく、たとえば 2021〜2023 年に順次公表された第 6 次

117

評価報告書（Sixth Assessment Report：AR6）については、いずれの作業部会でも、60を超す国々からの250人前後の代表執筆者らによって草稿が作成されており、その草稿への査読意見の数は数万件にも上ります。また、温暖化に関する最新の科学的知見について包括的かつ客観的な見解を示す報告書となるよう、その作成手順には多くの工夫が凝らされています。ここでは、IPCC報告書の作成手順を詳説し、そこに凝らされた工夫について紹介します。

▶▶ 三つの作業部会と一つのタスクフォースからなる

　温暖化問題の重大さと対策の必要性への認識の高まりを受け、IPCCは世界気象機関（World Meteorological Organization：WMO）と国連環境計画（United Nations Environment Programme：UNEP）により1988年に設立されました。その使命は、温暖化研究を独自に企画実施することではなく、既存文献に基づき温暖化に関する最新の科学的知見を収集・評価し、現時点で科学的に何がどの程度わかっているのか、を整理して示すことです。

　IPCCの活動は、30名強の議長団（ビューロー）の下に、「第1作業部会（自然科学的根拠）」「第2作業部会（影響、適応、脆弱性）」「第3作業部会（緩和策）」ならびに「温室効果ガスインベントリに関するタスクフォース」が置かれ、世界中の多くの科学者の協力を得て行われています。各作業部会での評価作業は定期的に行われ、その報告書は国際的に合意された科学的理解として認知され、政策検討・国際交渉の場面でも多用されてきました。そのような経緯から、科学的知見に依拠して望ましい特定政策を提案することがIPCCの役割である、との誤解を受けやすいのですが、設立以来IPCCは政策中立を原則としており、特定の政策を提案することはありません。

▶▶ IPCC報告書は包括的・客観的に作成される

　各作業部会の報告書は図20-1の手順で作成されます。

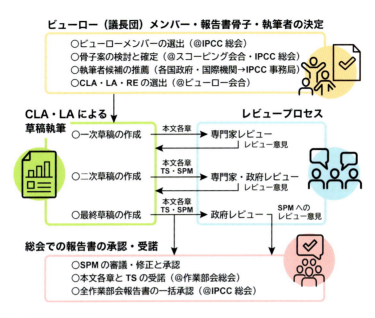

図 20-1　IPCC 報告書の作成手順

各作業部会報告書の作成手順

執筆者の選出

　総会で承認された骨子案に沿って報告書を作成すべく、まず執筆者の選出が行われます。各作業部会議長からの要請に応じて、各国政府や国際機関は各章の執筆にふさわしい専門家の履歴書を IPCC 事務局に送付し、その情報をもとに広く専門家をカバーした執筆者候補リストを事務局が作成します。議長団はそのリストから、報告書の執筆を主担当する統括執筆責任者（Coordinating Lead Author：CLA）・代表執筆者（Lead Author：LA）、レビュープロセスを監視し助言を行う査読編集者（Review Editor：RE）を選出します。包括的な報告書の作成を実現するため、専門分野、出身地域、性別の偏りを避けた執筆者構成とするよう定められています。

草稿作成

　CLA・LA は、原則として、査読(注2)を経て学術雑誌に公表済みの論文（査読論文）を引用して草稿を作成します。ただし、たとえば民間での温暖化対策事例などについては業界紙や国際機関報告書でしか公表されない場合もあります。そこで、報告書の包括性を高めるため、査読論文以外についても、精査のうえ手続きを踏めば引用可能としています。なお、相応の科学的根拠をもつ対立見解がある場合には、一方のみを取り上げずに両見解を記し、現時点での科学的知見ではどちらかに断定できないことを示します。また、必要に応じて、不確実性の幅や研究者間の見解の一致度についても記されます。

レビューと草稿修正

　報告書の信頼性は、その厳密かつ透明性の高いレビュープロセスにより担保されます。一次草稿は、まず専門家レビューに回されます。IPCC のレビューの特徴の一つはその規模の大きさです。前述の執筆者候補リストを中心に数百人の専門家にレビューが依頼されます。その結果、多い章では千を優に超す意見が提出されます。多数のレビュアーの参加を得ることで、草稿作成時に見逃した知見を取り入れて報告書の包括性を高めるとともに、誤り・偏りを減らすことを目指しています。なお各章には2〜3名のRE が配置され、査読意見への CLA・LA の対応を監視するとともに、必要に応じて助言を与えます。専門家レビューをふまえ CLA・LA が作成した二次草稿は、政府・専門家レビューに回されます。その意見をふまえ CLA・LA が作成した最終草稿は、さらに最終政府レビューに回されるとともに作業部会総会に提出されます。このように、複数回のレビューにより、報告書の正確さが高められます。なおレビュー意見については、プロセスの透明性の確保のため、報告書完成後も一定期間公開されます。

報告書の受諾・承認

　作業部会総会に提出される最終草稿は、2000〜3000頁の本文各章、30〜50頁の政策決定者向け要約（Summary for Policymakers：SPM）、約100頁の技術要約（Technical Summary：TS）からなります。うち、SPMについては、総会の場で参加国の代表者らによって審議され、必要な修正・加筆を施されたものが、一行ずつ全会一致で「承認」されています。一方、本文各章とTSは、承認されたSPMの表現等と整合性に問題がないように、必要ならば編集上の修正を加えるという了解のもとに「受諾」されます。

▶▶ 報告書の包括性・客観性を高めるための工夫

　以上のように、報告書の包括性・客観性を高めるとともに、誤り・偏りを減らすため、作成手順にさまざまな工夫が凝らされています。なかでも、REは第3次評価報告書（Third Assessment Report：TAR）で新規設置されました。TAR以前は、レビュー意見を草稿にいかに反映させるかは、最終的には各章CLA・LAの判断に委ねられていましたが、レビュー意見の適切な反映を目指した改善といえます。

　また、第5次評価報告書（Fifth Assessment Report：AR5）以降には、CLAの作業を技術的に補助するチャプターサイエンティスト（Chapter Scientist：CS）が各章に配置され、評価対象となる研究論文の増加に伴いCLA・LAの作業負荷が増す中でも各章原稿の品質が確保できるよう、取り組みが強化されています。

　各々の工夫の効果を客観的に評価することは困難ですが、評価報告書作成にLAとして複数回参加した経験の範囲で主観的意見を述べるなら、それぞれ有効に機能していると思います。大量に寄せられたレビュー意見については、REの助言も得つつ、取り扱いに議論を要するもの、さらに文献をあたり情報追加が必要なもの、文法修正等の軽微なもの等に種別され、限られた作業時間の中で、それぞれ適切な対応がとられていたと思います。少なくとも、理にかなった意見を無視するようなことはありません

でした。

　以上に示した作成手順からわかるように、また執筆者としての経験から言えば、質問文の「一部の科学者の意見をまとめただけで、正しいとは限らない」との見方は的を射ていないと考えます。ただし、TAR以降にREが、またAR5以降にCSが設置されたように、作成手順の透明化と包括性・客観性向上のために、今後もさらなる工夫を重ねていくことは重要でしょう。

(注1) レビューとは草稿に対する意見提出のことをいいます。

(注2) 研究者は学術雑誌に論文を掲載することにより、その研究成果を公表します。研究者が投稿した論文原稿は、その論文が扱っている分野を専門分野とする（一般的に匿名の）研究者により、論文の論理性・新規性等の観点から当該雑誌への掲載が適当であるかが審査され、審査意見に応じて必要な原稿訂正を行った後に受理・掲載されます。このプロセスは査読とよばれ、論文の誤りを公表前に発見・修正するとともに、内容をより有用なものとするために役立っています。査読の結果、雑誌掲載を拒否される場合もあります。雑誌によっては査読を行わずに論文掲載するものもありますが、査読を経て掲載された論文は、投稿者以外の専門家により品質保証されているという点で、一般的に価値が高いと考えられています。

回答者：**高橋 潔**（たかはし・きよし）
国立環境研究所社会システム領域副領域長。京都大学工学部衛生工学科卒業。博士（工学）。国立環境研究所社会環境システム研究センター広域影響・対策モデル研究室長などを経て現職。専門は環境システム工学（温暖化影響評価）。

Q21 人工衛星で空気中の二酸化炭素やメタンの濃度が測れるって本当？

宇宙から温室効果ガス濃度がわかる？

染谷 有

A 二酸化炭素（CO_2）やメタン（CH_4）は特定の波長の光を吸収する性質をもっています。宇宙から人工衛星で地球の大気を通ってきた光を観測し、CO_2 やメタンがどれだけ光を吸収したかを解析することで、これらの濃度を推定することができます。

もっと詳しく！

▶▶ 光の波長と分光

　虹を見たことがあると思います。虹は太陽の光が大気中の水滴によって散乱されることで発生しますが、太陽光には赤や青などに見える光が含まれていて、その散乱される方向が光の色によって微妙に異なるために、色が分かれて見えるようになります。光の色の違いは光がもつ波長という性質が違うことによります。人間の目に見える可視光とよばれる光は波長がおよそ 0.4〜0.7 μm の範囲のもので、波長の短い 0.4 μm 付近の光は紫から青に見え、波長の長い 0.7 μm 付近の光は赤く見えます。波長が 0.4 μm よりも短いと紫外線、0.7 μm よりも長いと赤外線とよばれます。一般には光と言うと可視光を指すことが多いですが、ここでは紫外線や赤外線も含めて光と言うことにします。虹の例のように光を波長によって分けることを分光といいます。また、分光することで取り出した光の波長ごとの強度分布を分光放射輝度スペクトル（以下、スペクトル）といいます。

▶▶ 赤外線と温室効果ガスによる吸収

　太陽光には可視光線だけでなく、紫外線や赤外線も含まれています。こ

の太陽光におもに含まれる赤外線の波長域は近赤外域、短波長赤外域とよばれます。また、地球上の物質からは太陽光に含まれる赤外線よりも波長の長い赤外線が温度に応じて射出されています。テレビなどで見る赤外線カメラや非接触型の体温計はこの物質から出る赤外線を利用しています。この波長域は中間赤外域や遠赤外域、または熱赤外域とよばれます。CO_2 やメタンなどの温室効果ガスはこれらの赤外域のうち、特定の波長の赤外線を吸収する性質をもっています。赤外線を分光することによって、吸収を受ける波長と受けない波長を分けてスペクトルとして取り出すことができます。**図 21-1 左** に温室効果ガス観測のための人工衛星である GOSAT-2 によって観測された短波長赤外域のスペクトルの例を示します。GOSAT

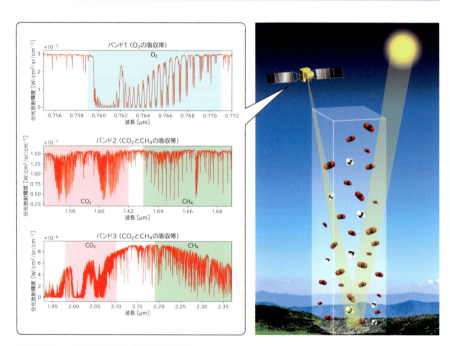

図 21-1　GOSAT-2 の観測原理

太陽光を利用した CO_2 と CH_4 の観測のイメージ（右）と GOSAT-2 で観測される赤外線スペクトルの例（左）

－2はこの波長域に３つの観測波長範囲（バンド）をもっています。バンド１には酸素（O_2）、バンド２とバンド３にはCO_2とメタンの吸収帯があり、これらの気体による吸収によって赤外線の強さ（輝度）が小さくなっていることが図からわかります。このように、温室効果ガス濃度の変化に伴って観測される赤外線の強度が変化するため、観測されるスペクトルを解析することで温室効果ガスの濃度を推定することができます。

▶▶ 人工衛星で宇宙から温室効果ガスを測る

　人工衛星による大気の観測は、観測方向や能動型・受動型の別などによっていくつかのタイプに分けられ、温室効果ガスの観測方法もいくつか種類があります。受動型とは太陽光や地球上の物質からの赤外線など、自然の光源を利用して観測をするタイプ、能動型は自ら光を射出し、戻ってきた光を利用するタイプです。これらはどれも温室効果ガスによる赤外線の吸収を利用したものですが、得られる濃度が地表面から大気の上端までの平均的な濃度か、ある高度範囲のものか、水平方向にどれくらいの点数を観測できるかなどが異なります。ここでは現在の温室効果ガスの観測に主として用いられている、人工衛星から地表面方向に観測を行う受動型の観測のうち、太陽光に含まれる赤外線を利用する方法について述べます。

　地球の大気に入射した太陽光は大気中を通り、地表面で反射された後、また大気中を通って人工衛星で観測されます（**図21-1右**）。人工衛星に到達した赤外線は分光されて赤外線スペクトルが得られます（**図21-1左**）。大気を通過する際に温室効果ガスによる吸収を受ける波長の赤外線は吸収によって強度が小さくなっていくため、人工衛星で観測された赤外線スペクトルを解析することで通過した大気にどれくらい温室効果ガスが含まれていたかを推定することができ、地表面から大気上端までの平均の温室効果ガス濃度が得られます。

　人工衛星で観測される赤外線の強度は、温室効果ガスの濃度だけでなく、太陽や人工衛星の位置などによっても変化するため、これらを正確に

考慮しなければいけません。加えて、地表面や大気の状態によっても変化します。たとえば、地表面で赤外線が反射される割合は100%ではなく、波長や地表面の状態によっても異なります。また、大気中に雲やエアロゾルなどがあると、これらによって赤外線が散乱・吸収されることによって観測される強度が変化します。これらは大きな誤差要因となるため、赤外線スペクトルから温室効果ガスの濃度を正確に推定するためにはこれらの影響を考慮して解析を行う必要があります。

　また、人工衛星による温室効果ガスの観測では、場所による濃度の違いを捉える必要があります。CO_2 やメタンなどの温室効果ガスは大気中の寿命が比較的長く、風で流されることなどによって大気中でよく混ざっているので、これらのガスが多く排出されている場所とほとんど排出されていない場所を比べても相対的な濃度の違いが大きくありません。そのため、この濃度の違いよるスペクトルの変化はかなり小さなものになります。観測されるスペクトルには必ず測定誤差が含まれているため、温室効果ガス濃度を精度よく推定するためには、測定誤差の影響を小さくする工夫も必要となります。このために人工衛星による温室効果ガスの濃度推定では、図左のように赤外線を細かく分光したスペクトルの多くの波長を使って誤差を考慮して統計的な解析を行うという手法が用いられています。

▶▶ 温室効果ガスを観測する人工衛星

　人工衛星による観測では、誤差要因となる雲が視野内に存在するデータを除いても、1日に数百〜数万点程度の観測が可能です。人工衛星による CO_2 やメタンの観測が可能になったことで、これまで地上での観測が難しかった地域でもこれらの濃度が観測できるようになりました。温室効果ガスの観測を目的とした世界で最初の人工衛星は、日本による温室効果ガス観測技術衛星 GOSAT（Greenhouse gases Observing SATellite、愛称「いぶき」）です。GOSAT の目的は広域的な CO_2 やメタンの観測によってこれらの全球的な挙動を把握しようというものです。GOSAT は 2009 年に打ち上げら

れ、現在（2024年時点）もCO_2とメタンの観測を続けています。GOSATの打ち上げ以降、アメリカによるOrbiting Carbon Observatory-2（OCO-2）やヨーロッパによるTROPOspheric Monitoring Instrument（TROPOMI）を搭載したSentinel-5 Precursor、GOSATの後継機であるGOSAT-2など、CO_2とメタンを観測するための人工衛星が打ち上げられており、今後も同様の目的の人工衛星の打ち上げが予定されています。また、近年は特定の領域をさらに空間的に詳細に観測して、小さな排出源からの排出量の推定を目的とする衛星も打ち上げられています。このように、現在、人工衛星は温室効果ガスの観測において強力なツールとなっています。

回答者：**染谷 有**（そめや・ゆう）

国立環境研究所地球システム領域衛星観測研究室主任研究員。東京大学大学院新領域創成科学研究科博士課程修了。博士（環境学）。東京大学大気海洋研究所特任研究員などを経て現職。専門は大気の衛星リモートセンシング。

Q.22
温室効果ガスの衛星観測データの利用例

人工衛星で温室効果ガスを観測していると聞きました。温室効果ガスの衛星観測で得られたデータはどのように使われているのですか？

A

佐伯 田鶴

人工衛星は地球全体を数日間でカバーし、繰り返し観測できるという特徴があります。このため、人工衛星観測によって得られた二酸化炭素（CO_2）やメタン（CH_4）などの温室効果ガスの濃度データを利用して、地球大気全体の濃度変化や、世界各地域での温室効果ガスの吸収量や排出量が推定されてきました。最近では、各国や大都市からの排出量推定や、発電所やガス採掘場など特定の排出源からの漏洩検知などにも利用されています。

🔍 もっと詳しく！

▶▶ **人工衛星の観測データ**

　宇宙から地球の環境を把握するために打ち上げられる地球観測衛星は、雲や降水・降雪、地表面や海面の状態、エアロゾル、二酸化炭素（CO_2）やメタンなどのさまざまな量を観測し、気象や災害を監視したり、地球温暖化を引き起こす温室効果ガスの濃度を把握したりすることなどを目的としています。ところが、降水量や降雪量、CO_2濃度などを人工衛星が直接観測できるわけではありません。人工衛星による観測では、空気中にある水や氷、CO_2などが電磁波（目に見える光や見えない赤外線や電波など）を散乱したり吸収したりする性質を利用して、私たちが知りたい量を測るのです。人工衛星で測定されたデータは、そのままでは電気信号ですので、観測データを段階的に処理して、私たちが知りたい量になおす作業が必要です。

q22 温室効果ガスの衛星観測データの利用例

　ここでは、人工衛星で測ったデータがどのように使われているのか、国立環境研究所（National Institute for Environmental Studies：NIES）でデータを処理している温室効果ガス観測技術衛星 GOSAT（Greenhouse gases Observing SATellite、愛称「いぶき」）の事例を紹介します。世界初の温室効果ガス観測専用の衛星である GOSAT は 2009 年 1 月に打ち上げられ、現在も観測を続けています。温室効果ガスである CO_2 およびメタンの濃度を観測することを目的とした衛星です。

　GOSAT は、高度約 666 km の軌道を約 98 分周期で飛行しており、3 日に一度、同じ地点を観測します。人工衛星は同一のセンサで地球全体を繰り返し観測できるという特徴があります。直接空気を採取して高い精度で濃度を観測できる地上観測と比べると精度はやや劣るものの、地上観測ができない場所も広くカバーすることができます。観測されたデータ（電気信号）は衛星の情報とともに定期的に地上へ向けて送信され、ノルウェーや日本国内にある受信局で受信・記録されます。その後、データは日本の

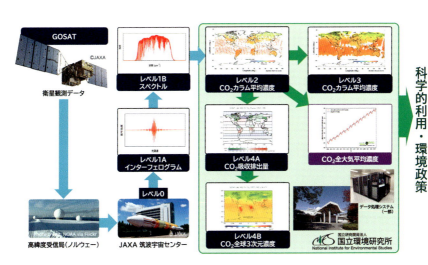

図 22-1　GOSAT 観測データの処理の流れ
衛星観測データの処理の流れ（国立環境研究所で処理している GOSAT データの例）

宇宙航空研究開発機構（JAXA）筑波宇宙センターのデータ処理システムに送信され、衛星データの段階的な処理が始まります。衛星搭載センサが観測したデータをもとに、光の波長ごとの強度分布（スペクトル）[注1] になおしたプロダクト[注2] が生成されます。スペクトルを求めることで、どの波長の光がどれだけ強いか弱いかがわかります。CO_2 やメタンはそれぞれ特定の波長の光を吸収する性質があるので、波長ごとの光の強さから空気中の気体の濃度を推定できるのです。

▶▶ 二酸化炭素やメタンの濃度データプロダクト

　スペクトルのデータに加えて、気象や地表面のデータ、エアロゾル情報を合わせて数学的な手法で解析することにより、CO_2 やメタンの気柱平均濃度（ある地点の地上から大気上端までの空気中の平均濃度）等の物理量を導出し[注3]、NIES のウェブサイトで公開しています。

　GOSAT は地球上の非常に多くの地点を観測しますが、雲がある場合や太陽光が弱い場合などは誤差が大きいので解析をしません。そのため、公開するデータは必ずしも地球全体をむらなくカバーするものではありません。これを補うために、GOSAT プロジェクトでは、統計的な手法により、とびとびにしか測れない濃度データをもとにして、測れなかった場所の濃度を埋めることにより、月平均の全球マップとしたものも定常的に作成・公開しています。

▶▶ データの利用例：濃度のモニタリング

　CO_2 とメタンの気柱平均濃度や濃度マップから、その地点での温室効果ガスの濃度変動がわかります。NIES では、この気柱平均濃度を利用して、CO_2 とメタンの地球大気全体の平均濃度を毎月公開しています。地表面の平均濃度は地上観測データをもとに世界のいくつかの機関により算出・公表されていますが、GOSAT は地表付近の情報だけでなく、地上観測からは得ることのできない大気全体の情報を知ることができ、地球大気全体に

含まれるCO_2やメタン濃度を監視することができるのです。

　また、CO_2気柱平均濃度データを利用して、国や都市のスケールで化石燃料燃焼起源のCO_2濃度の影響を検出する研究がなされています。GOSATで得られたCO_2濃度は化石燃料燃焼起源の排出と自然起源の吸収排出による濃度が重ね合わさったものですが、濃度データを解析することにより化石燃料燃焼起源のCO_2濃度の影響を識別することができます。一方、各国の統計データ等をもとにした化石燃料燃焼起源のCO_2濃度の影響を計算し、両者を比較することにより、化石燃料燃焼起源のCO_2濃度をモニタリングできる可能性が示されています。衛星観測データのさらなる蓄積が期待されています。

▶▶ データの利用例：地球規模から国や地域ごとの排出量推定

　CO_2やメタン濃度データを利用して、CO_2やメタンの地表面の吸収排出量を求めることができます。この解析は、大気中のCO_2などの濃度データと地球の大気の流れを再現する「大気輸送モデル」を使って、地表のどこでどれだけのCO_2などが排出されたか吸収されたかを推定する方法で、「逆解析」とよばれています。衛星観測から得られた濃度データを逆解析に利用することにより、南米やアフリカ、シベリアなど、特に地上観測点が少ない地域での吸収排出量推定の信頼性が向上することがわかっています。

　逆解析による吸収排出量推定が開始された2000年代前半は亜大陸規模（大陸より小さい空間スケール）や数千kmという大きな空間分解能での推定しかできませんでした。その後、計算機の高速化や大気輸送モデルと解析手法の高度化により、より細かい時空間分解能で温室効果ガスの吸収排出量が推定できるようになりました。最近ではGOSATの濃度データを利用して、地球全体を10kmの空間分解能でメタン排出量を推定し、国レベルでの排出量を推計した研究例も報告されており、今後は精度の良い地上・船舶観測や航空機観測データと大量の衛星観測データを用いた吸収排出量推定の高解像度化がさらに進むと期待されます。

▶▶ データの利用例：環境政策への貢献

2009年から始まったGOSATとそれに続く各国の温室効果ガス観測衛星による観測データと、世界の研究者による科学的知見と利用実績の積み上げの後、近年では衛星観測データは環境政策にも使われるようになりました。

パリ協定は、世界各国が協力して地球温暖化を抑えるための国際枠組みで、すべての参加国が温室効果ガスの排出削減目標を国連に提出し、更新していくことが求められています。そして、温室効果ガス削減が実際にどれだけ進んだかを5年に1回確認し（グローバルストックテイク）、次の削減目標が検討されます。この重要な取り組みに対して、衛星観測データを使って推定した温室効果ガスの排出量が、インドやモンゴルで、自国の温室効果ガス排出量の報告に引用されたり、排出量が正しいかどうかの確認に使われたりするなど、役立ち始めています。また、衛星観測から得られた温室効果ガスの濃度データや吸収排出量の推定結果、全大気平均濃度などは、グローバルストックテイクにも提供され、温室効果ガス削減の効果を確認するために利用できるようになっています。

▶▶ データの利用例：排出源モニタリング

日本のGOSATや後継機のGOSAT-2（2018年から）、CO_2を観測するアメリカのOrbiting Carbon Observatory-2（OCO-2）（2014年から）やOrbiting Carbon Observatory-3（OCO-3）（2019年から）、メタンなどを観測するTROPOspheric Monitoring Instrument（TROPOMI）センサを搭載したヨーロッパのSentinel-5 Precursor（2017年から）衛星は主として地球全体の濃度観測を目的としています。GOSATとGOSAT-2は直径約10 kmの点をとびとびに高精度で観測しますが、OCO-2・OCO-3とTROPOMIは約2〜10 kmの空間分解能で帯状に観測を行い、大規模な発電所からのCO_2や大規模天然ガス採掘場等からのメタンの高濃度を捉える研究にも利用されています。一方、近年、CO_2やメタンのさらに小さい排出源（発電所、工

場、石油・ガス・石炭採掘現場・廃棄物処理場・農地等）の周辺のみを高分解能（数十m四方）で観測する衛星も運用されており、限られた領域のCO_2やメタンの排出源からの漏洩検知に利用されています。また、カナダの商用衛星GHGSat（複数の小型衛星でのコンステレーション）（2016年から）が実績を挙げています。

　今後、地球全体の観測を主目的とした衛星とローカルな排出源監視を目的とした衛星双方が各国で計画されており、パリ協定に基づく温室効果ガス削減の実現に向けて、人工衛星による温室効果ガスの観測とデータの提供・利活用が期待されています。

(注1) スペクトルについては、「**Q21** 人工衛星で空気中の二酸化炭素やメタンの濃度が測れるって本当？」をご参照ください。

(注2) 衛星観測から得られたデータを処理して物理量等になおしたデータのことをプロダクトといいます。関連する情報とともに、所定のフォーマットに成形したデータファイルとして利用者に提供されます。

(注3) 地上から大気上端までの空気に対する気体濃度。より詳しくは環境儀 No.69「カラム量とカラム平均濃度」（国立環境研究所、2018、https://www.nies.go.jp/kanko/kankyogi/69/69.pdf）を、導出方法については「**Q21** 人工衛星で空気中の二酸化炭素やメタンの濃度が測れるって本当？」をご参照ください。

回答者：**佐伯 田鶴**（さえき・たづ）

国立環境研究所地球システム領域衛星観測センター主任研究員。東北大学院理学研究科地球物理学専攻博士課程後期単位取得退学。博士（理学）。東北大学大型計算機センター研究開発助手、総合地球環境学研究所研究部助教、海洋研究開発機構（JAMSTEC）地球環境変動領域ポストドクトラル研究員などを経て現職。専門は大気科学。

地球温暖化 コトバの豆知識

● グローバルストックテイク（Global Stocktake）

世界平均気温の上昇を産業革命以前に比べて 2℃より十分低く保ち、1.5℃に抑える努力をするという目標の達成に向けて、各国目標を合算した温室効果ガス削減総量が十分なのかを、パリ協定の締約国会合において 5 年おきに確認する仕組み。各国は、この結果を受けて目標を更新・強化することが求められます。

地球温暖化 コトバの豆知識

● プロダクト

英語でプロダクト（product）は、製品、成果、生成物、数学ではかけ算の積などの意味になります。一般的にプロダクトは企業などが顧客に販売する製品のことを指し、パッケージ化・標準化されて提供されるサービスのこともプロダクトと称する場合があります。

GOSAT、GOSAT-2（温室効果ガス観測技術衛星）などで使用される「プロダクト」は、GOSAT、GOSAT-2 によって観測されたデータの処理結果を、ユーザに提供するために、関連する情報とととともに所定のフォーマットに成形したデジタル情報、またはその電子ファイルのことを指し、データプロダクトともいいます。

索　引

〈欧文〉

CO_2交換 ·································· *9, 16*

CO_2分圧 ······································ *9*

GOSAT ····················· *37,* **124**, **129**, *134*

GWP ·· *59*

IPCC ···· *18, 21, 33, 61, 68, 74, 87, 106, 113,* **117**

SPM（政策決定者向け要約）················ *121*

TS（技術要約）······························ *121*

〈あ行〉

一酸化二窒素 ···················· *8, 41,* **59**, *81*

エアロゾル ··············· *51,* **66**, *71, 73, 126, 128*

エネルギーバランス ·························· *96*

オゾン層 ·························· *61, 73,* **77**, *87*

温室効果 ················· *8,* **51**, *53, 59, 68, 71, 78*

温室効果ガス ······ *8, 19, 21, 33, 44, 47, 53, 59,*
　　65, 66, 71, **72**, *77,* **78**, *80, 84, 91, 95, 107, 114,*
　　118, **123**, **128**

温暖化増幅機能 ····························· *57*

温暖化（の）予測 ··················· *96,* **99**, *106*

温度計 ······································ *42*

〈か行〉

海面水温 ·································· *11, 43*

海洋 ··· *2, 9, 15, 16, 24, 29, 37, 42, 87, 95, 97, 99,*
　　107, 113

海洋生態系 ······························ *9, 15*

海洋大循環 ·································· *9*

海洋表層CO_2観測 ···························· *9*

カオス ······································ *97*

確率 ······································· *106*

〈火山噴火〉

火山噴火 ·································· *72, 87*

観測（の）空白域 ························ *11, 42*

間氷期 ···································· *21, 84*

寒冷期 ······································ *84*

気候の揺らぎ ································ *73*

気候フィードバック ·························· *56*

吸収源 ·························· *2, 15,* **36**

雲アルベド効果 ······························ *67*

雲寿命効果 ·································· *67*

光合成 ·························· *2, 15, 27, 33*

呼吸 ·························· *2, 27, 33*

黒点 ·· *72*

黒点相対数 ·································· *72*

〈さ行〉

査読 ······································· *120*

産業革命 ············ *2, 10,* **16**, *50, 60, 88, 93, 134*

シナリオ ····················· *38, 97,* **106**, *110*

シミュレーション ············ *87, 92,* **99**, *105*

シミュレーションモデル ················ *97, 99*

準直接効果 ·································· *68*

人工衛星 ············ *11, 32,* **36**, *56,* **123**, *128*

森林破壊 ·························· *26, 33, 73*

水蒸気 ·············· *40, 47,* **53**, *67, 79, 91*

数値モデル ······························ *37, 78*

成層圏 ·························· *60, 73,* **77**

赤外線 ················ *8,* **47**, *53, 79, 90,* **123**

相対湿度 ···································· *55*

〈た行〉

大気中のCO_2濃度 ········· *2, 9, 16, 27, 37, 53*

135

太陽活動 ･･････････････ *50, 72, 86*

太陽黒点（数）･･･････････････････ *72*

炭素循環 ･･････････････ *2, 37, 93, 107*

地球の平均気温 ･･･････････････ *42, 72*

直接効果 ･････････････････････ *67*

積み上げ方式 ･････････････････ *35*

ティッピング・ポイント ･･････････ *94, 95*

天気予報 ･････････････････････ *96*

統計データ ･････････････ *27, 33, 131*

都市化 ･･･････････････････ *43, 112*

都市化（の）影響 ･･･････････ *43, 112*

〈な行〉

南極 ･･･････････････ *21, 80, 85, 94, 95*

二酸化炭素 ･･････ *2, 8, 9, 15, 16, 21, 26, 33, 40, 47, 53, 59, 65, 66, 73, 77, 85, 93, 97, 103, 106, 123, 128*

日射量変動 ･･･････････････････ *84*

人間活動 ･･････ *9, 16, 21, 30, 33, 46, 50, 54, 73, 87, 106*

熱帯夜 ･･････････････････････ *112*

濃度上昇 ･････････････････ *24, 30*

〈は行〉

排出量推定 ･･････････････････ *128*

白斑 ･･･････････････････････ *72*

パラメータ化 ･･････････････････ *100*

パリ協定 ･･････････ *8, 19, 61, 88, 132, 134*

ヒートアイランド ･･･････････ *43, 111*

微気象学的方法 ･･･････････････ *34*

氷期 ･･････････････････････ *21, 84*

氷床 ･･･････････････ *21, 62, 71, 85, 94, 95*

氷床コア ･････････････････ *21, 85*

フィードバック ･･･････････････ *62, 90*

不確実性 ･･･････ *13, 56, 69, 99, 106, 117*

物理法則 ･･･････････････････ *97, 99*

冬日 ･･････････････････････ *112*

フラックス ･･･････････････････ *29, 41*

フロンガス ･･･････････ *59, 71, 77, 80*

平年偏差 ･･･････････････････ *44*

ポイント・オブ・ノー・リターン ･･････ *93*

放射強制力 ･･･････････････ *68, 78*

放射性炭素 ･･･････････････････ *20*

暴走 ･･････････････････････ *90*

飽和水蒸気量 ･････････････････ *55*

〈ま行〉

真夏日 ･･････････････････････ *112*

真鍋淑郎（Syukuro Manabe）･･････････ *48*

ミランコヴィッチサイクル ･･････ *22, 85*

メタン ･･･ *8, 21, 41, 59, 69, 71, 79, 93, 123, 128*

猛暑日 ･･････････････････････ *112*

モデルの不確実性 ･･･････････････ *106*

〈や行〉

予測の幅 ･･････････････････ *107*

〈ら行〉

陸域生態系 ･･･････ *15, 19, 27, 33, 40, 107*

陸上生物圏 ･････････････････ *2, 16*

ルーレット ･･････････････････ *108*

レビュー ･･･････････････････ *117*

おわりに

　いかがでしたか？「とてもよくわかった。面白かった。」「難しかった。」などいろいろなご意見があるかもしれません。

　この「研究者がズバリ科学で答える！ココが知りたい地球温暖化」は、科学的に正確で且つポイントを押さえた回答の作成にあたり、それぞれ複数の研究者が何度も話し合いや推敲を重ねてきました。

　2016年に発効したパリ協定により、世界の平均気温の上昇を産業革命前に比べて2℃より十分低く保つとともに1.5℃に抑えるという目標が掲げられましたが、この目標を達成するための時間枠は急速に狭まっています。そして、2023年に日本が議長国を務めたG7サミット（主要国首脳会議）では、現在私たちの住む地球が「気候変動」「生物多様性の損失」「汚染」という3つの世界的危機に直面していること、「2050年ネットゼロ」に向けて取り組みを加速していく必要があることが呼びかけられました。

　私たち国立環境研究所地球システム領域の研究者を含め、世界中の研究者が具体的な温暖化対策に取り組むべく続けている科学研究の成果は、社会を動かす原動力のひとつです。その研究成果を科学論文にするだけでなく、こうした書籍を通して、多くの皆さんにわかりやすい言葉で伝えていくことは最も重要なもののひとつと考えています。本書が皆さんにとって未来の地球環境を考える一助となれば幸いに思います。

　原稿の作成にあたってアドバイスをいただいた研究所内外の専門家の方々、特に2006年に活動開始した「ココが知りたい温暖化」のワーキンググループメンバーであり、その趣旨をいかしつつ大幅改訂するという作業に貢献してくださった東京大学の江守正多教授、ならびに編集を担当してくださった成山堂書店の皆さんに感謝いたします。

国立研究開発法人国立環境研究所 地球システム領域長

三枝　信子

編者・回答者紹介

編者

国立研究開発法人国立環境研究所 地球システム領域

持続可能な地球環境の実現に貢献するため、地球の大気・海洋・陸域における物理・化学プロセスと生物地球化学的循環の解明、人間活動の影響を受けた気候及び地球環境の変動とそのリスクの将来予測、それらに必要となる先端的計測技術やモデリング手法の開発に取り組んでいます。地球環境保全に関わる国際枠組みや国際報告書に科学的知見を提供する役割も果たしています。前身である地球環境研究センターが1990年に発足し、2021年4月に地球システム領域に改組されました。

回答者 (五十音順・敬称略)

秋吉 英治 (あきよし・ひではる) Q13

阿部 学 (あべ・まなぶ) Q14

伊藤 昭彦 (いとう・あきひこ) Q06

梅澤 拓 (うめざわ・たく) Q10

江守 正多 (えもり・せいた) Q08 Q15 Q16

小倉 知夫 (おぐら・ともお) Q07 Q17

三枝 信子 (さいぐさ・のぶこ) Q05

佐伯 田鶴 (さえき・たづ) Q22

塩竈 秀夫 (しおがま・ひでお) Q12 Q18

染谷 有 (そめや・ゆう) Q21

高橋 潔 (たかはし・きよし) Q20

高橋 善幸 (たかはし・よしゆき) Q05 Q06

遠嶋 康徳 (とおじま・やすのり) Q01

中岡 慎一郎 (なかおか・しんいちろう) Q02 Q03

永島 達也 (ながしま・たつや) Q11 Q19

野沢 徹 (のざわ・とおる) Q07 Q12

野尻 幸宏 (のじり・ゆきひろ) Q10

町田 敏暢 (まちだ・としのぶ) Q04

向井 人史 (むかい・ひとし) Q02 Q03

山下 陽介 (やました・ようすけ) Q13

横畠 徳太 (よこはた・とくた) Q09 Q14

研究者がズバリ科学で答える！
ココが知りたい地球温暖化　　　　　　　　　定価はカバーに表示してあります。

2025 年 3 月 28 日　初版発行

編　者　国立研究開発法人国立環境研究所 地球システム領域
発行者　小川　啓人
デザイン　マーリンクレイン
印　刷　株式会社シナノ
製　本　東京美術紙工協業組合

発行所　株式会社成山堂書店
〒 160-0012　東京都新宿区南元町 4 番 51　成山堂ビル
TEL：03（3357）5861　FAX：03（3357）5867
URL：https://www.seizando.co.jp
落丁・乱丁本はお取り換えいたしますので、小社営業チーム宛にお送りください。

©2025 国立研究開発法人国立環境研究所 地球システム領域　　ISBN 978-4-425-51531-8
Printed in Japan

Books 成山堂書店の図書案内

好評発売中！

なるやま君

「脱炭素化」はとまらない！
―未来を描くビジネスのヒント―

江田健二・阪口幸雄・松本真由美　共著
A5判・184頁・定価1,980円（税込）
ISBN978-4-425-98521-0

大学の研究者、日本の環境・エネルギー分野の専門家、シリコンバレー在住のコンサルタントの3人が、「脱炭素化」を解説。日本・米国での企業や官公庁の取り組み、事業展開を紹介する。

線状降水帯　極端気象シリーズ
ゲリラ豪雨から JPCZ まで豪雨豪雪の謎

小林文明　著
A5判・128頁・定価1,980円（税込）
ISBN978-4-425-51511-0

線状降水帯および冬の線状降水帯とも言われるJPCZ（日本海寒帯気団収束帯）について、その概念をわかりやすく解説し、豪雨豪雪をもたらす線状降水帯のメカニズムを紐解く。

越境大気汚染の物理と化学 (3訂版)

藤田慎一・三浦和彦・大河内博
速水　洋・松田和秀・櫻井達也　共著
A5判・304頁・定価3,300円（税込）
ISBN978-4-425-51364-2

物理と化学のエキスパート6名が執筆したテキスト。マイクロプラスチックなど新しい情報を反映し、収録データの更新と表記の見直しを充実させた3訂版。